中等职业教育国家规划教材
全国中等职业教育教材审定委员会审定
全国建设行业中等职业教育推荐教材

# 建筑装饰设计基础

(建筑装饰专业)

主编 王帆叶
审稿 李婉华 叶桢翔

中国建筑工业出版社

图书在版编目（CIP）数据

建筑装饰设计基础/王帆叶主编.—北京：中国建筑工业出版社，2003（2025.5重印）
中等职业教育国家规划教材.建筑装饰专业
ISBN 978-7-112-05394-0

Ⅰ.建… Ⅱ.王… Ⅲ.建筑装饰—建筑设计—专业学校—教材 Ⅳ.TU238

中国版本图书馆 CIP 数据核字（2003）第 008771 号

本书是根据中等职业教育国家规划教材教学大纲编写的。书中详细介绍了建筑装饰的基本理论和基本设计方法，对学生进行建筑装饰设计的基本训练，使学生了解设计的全过程，具备住宅装饰设计的初步能力。主要内容包括：绪论；室内装饰设计原理；室内色彩设计；室内光环境设计；家具与家具配置；室内陈设艺术；室内绿化设计；住宅建筑装饰设计；小型店铺建筑装饰设计等。

本书可作为建筑装饰专业、建筑专业教学用书，也可供建筑装饰培训、室内设计及建筑装饰工程施工等工程技术人员及相关人员参考。

中等职业教育国家规划教材
全国中等职业教育教材审定委员会审定
全国建设行业中等职业教育推荐教材

## 建筑装饰设计基础

（建筑装饰专业）

主编 王帆叶
审稿 李婉华 叶桢翔

\*

中国建筑工业出版社出版、发行（北京西郊百万庄）
各地新华书店、建筑书店经销
北京云浩印刷有限责任公司印刷

\*

开本：787×1092 毫米 1/16 印张：13 插页：2 字数：316 千字
2003 年 7 月第一版 2025 年 5 月第二十四次印刷
定价：24.00 元
ISBN 978-7-112-05394-0
（20947）

**版权所有　翻印必究**
如有印装质量问题，可寄本社退换
（邮政编码　100037）

# 中等职业教育国家规划教材出版说明

　　为了贯彻《中共中央国务院关于深化教育改革全面推进素质教育的决定》精神，落实《面向21世纪教育振兴行动计划》中提出的职业教育课程改革和教材建设规划，根据教育部关于《中等职业教育国家规划教材申报、立项及管理意见》（教职成［2001］1号）的精神，我们组织力量对实现中等职业教育培养目标和保证基本教学规格起保障作用的德育课程、文化基础课程、专业技术基础课程和80个重点建设专业主干课程的教材进行了规划和编写，从2001年秋季开学起，国家规划教材将陆续提供给各类中等职业学校选用。

　　国家规划教材是根据教育部最新颁布的德育课程、文化基础课程、专业技术基础课程和80个重点建设专业主干课程的教学大纲（课程教学基本要求）编写，并经全国中等职业教育教材审定委员会审定。新教材全面贯彻素质教育思想，从社会发展对高素质劳动者和中初级专门人才需要的实际出发，注重对学生的创新精神和实践能力的培养。新教材在理论体系、组织结构和阐述方法等方面均作了一些新的尝试。新教材实行一纲多本，努力为教材选用提供比较和选择，满足不同学制、不同专业和不同办学条件的教学需要。

　　希望各地、各部门积极推广和选用国家规划教材，并在使用过程中，注意总结经验，及时提出修改意见和建议，使之不断完善和提高。

教育部职业教育与成人教育司

2002年10月

# 前　言

　　随着社会的进步，建筑装饰设计在中国越来越受到重视和关注，从高标准的公共建筑到大量的与人民生活息息相关的居住环境，环境质量的高低已成为人们生活水平和文明程度的重要标志。社会需要一批懂经营、会设计、能操作的实用性人才。根据中等职业教育特点编写的这套教材能满足这方面的需求，也落实了国家教委职教司、建设部人事教育司加强这一专业建设的要求，进一步明确了学生的培养目标：学生毕业时既牢固掌握必需的文化科学基础知识，又具备室内装潢设计的专业素质，成为有较强实际操作能力的技术人员；培养学生健康的审美意识及掌握相关的美学知识，从而对各门艺术和社会生活具有一定的欣赏和鉴别能力。

　　本套教材以技能培养为特色，市场需求为导向，企业服务为目标，考虑到学生的实际需求，以编者多年教学实践为基础，在理论方面力求深入浅出，条理清晰；同时加大插图、表格和图例等资料方面的篇幅，尽量选用一些较为实际的、技术先进、操作性强的常用实例，使学生能在学习及今后工作中获得便捷实用的指导和帮助，从而简洁明了地解决问题。

　　《建筑装饰设计基础》是建筑装饰专业的一门专业主干课程，系统讲授建筑装饰的基本理论和基本设计方法，对学生进行建筑装饰设计的基本训练，使学生了解设计的全过程，具备住宅装饰设计的初步能力。

　　本书由上海市建筑工程学校王帆叶主编，湖南省建筑工程学校王文全、江西省第一工业学校易镜荣参编，全书由清华大学李婉华、叶桢翔主审，浙江建筑学院李延龄参与了审稿工作。

　　由于编写时间紧促，编写水平所限，难免存在各种不足。希望读者在使用中提出批评指正。

# 目　　录

| 第一章　绪论 | 1 |

第一节　建筑装饰设计的任务、内容和学习方法 …………………………… 1
第二节　建筑装饰设计史略 …………………………………………………… 4
思考题与习题 …………………………………………………………………… 8

第二章　室内装饰设计原理 …………………………………………………… 9
第一节　室内设计要素 ………………………………………………………… 9
第二节　室内空间设计 ………………………………………………………… 19
第三节　人体工程学基本知识 ………………………………………………… 28
第四节　室内界面装修设计 …………………………………………………… 31
思考题与习题 …………………………………………………………………… 37

第三章　室内色彩设计 ………………………………………………………… 38
第一节　色彩的组成 …………………………………………………………… 38
第二节　色彩在家居中的作用 ………………………………………………… 40
第三节　各类功能居室的色彩选择 …………………………………………… 41
思考题与习题 …………………………………………………………………… 42

第四章　室内光环境设计 ……………………………………………………… 43
第一节　光在室内设计中的作用 ……………………………………………… 43
第二节　室内照明的设计原则和方法 ………………………………………… 47
第三节　灯具的种类 …………………………………………………………… 53
第四节　灯具的合理选用 ……………………………………………………… 55
思考题与习题 …………………………………………………………………… 58

第五章　家具与家具配置 ……………………………………………………… 59
第一节　家具的类型和尺度 …………………………………………………… 61
第二节　家具选择的原则 ……………………………………………………… 64
第三节　家具的功能与配置 …………………………………………………… 70
思考题与习题 …………………………………………………………………… 76

第六章　室内陈设艺术 ………………………………………………………… 77
第一节　室内陈设的作用与分类 ……………………………………………… 77
第二节　室内陈设的基本原则 ………………………………………………… 81
第三节　室内陈设的选择与配置 ……………………………………………… 85
思考题与习题 …………………………………………………………………… 93

第七章　室内绿化设计 ………………………………………………………… 94
第一节　室内绿化的作用 ……………………………………………………… 94

第二节　常见绿化植物种类 …………………………………………… 97
　　第三节　室内绿化配置的原则 …………………………………………… 99
　　第四节　室内绿化布局的形式和方法 …………………………………… 102
　　思考题与习题 ……………………………………………………………… 106
第八章　住宅建筑装饰设计 …………………………………………………… 107
　　第一节　住宅建筑装饰概述 ……………………………………………… 107
　　第二节　住宅建筑装饰设计原则 ………………………………………… 113
　　第三节　各种功能居室设计 ……………………………………………… 121
　　第四节　各类住宅建筑设计实例 ………………………………………… 156
　　思考题与习题 ……………………………………………………………… 165
第九章　小型店铺建筑装饰设计 ……………………………………………… 166
　　第一节　店铺装饰设计的基础知识 ……………………………………… 166
　　第二节　不同类型的小型店铺设计 ……………………………………… 176
　　第三节　小型店铺店面设计 ……………………………………………… 190
　　思考题与习题 ……………………………………………………………… 200
参考文献 ………………………………………………………………………… 201

注：第九章为选用教学要求，其他部分为基础教学要求。

# 第一章 绪 论

## 第一节 建筑装饰设计的任务、内容和学习方法

### 一、建筑装饰设计的任务和内容

（一）建筑装饰设计的任务

建筑装饰设计是为美化建筑和建筑空间，满足人们生产和生活的物质和精神需求所进行的建筑室内外空间环境设计。它强调形态、格调、风格等审美要素，以提高空间和环境的品位，引导和提高人们的精神追求和生活品质。

创造具有文化价值的生产、生活环境是建筑装饰设计的出发点。以人为本的设计理念，强调人的参与和体验，从单纯的建筑室内空间转向时空环境，崇尚文化意识；从单纯的装饰提高到对艺术风格、文化特色和美学价值的追求及意境的创造（图1-1）。

（二）装饰设计的内容

建筑装饰设计具有多学科交叉结合的特征。

艺术与技术并重，既要把握装饰设计的艺术构思，又要求严谨理性的技术实施计划。人体工程学、环境心理学、建筑物理等都是其必不可少的理论依据，而构造、设备、结构和装饰材料等则成为建筑装饰设计极为重要的专业知识与技能。

具体要求把握三方面内容：

第一，以往学习过的相关知识应融会贯通，特别是建筑构造、建筑设备、建筑结构和装饰材料的有关知识要落实在设计中。

第二，掌握室内设计原理和设计要素，树立以人为本的设计理念，从人的物质与精神需求出发，思考和解决问题。

第三，掌握以住宅装饰为重点的设计原理。

### 二、建筑装饰设计的学习方法

设计创意、工艺技术和图面表达是支撑建筑装饰设计的三个支点。

没有创意的设计是苍白无力的，没有技术支持的作品将无法实现，而表达则是让人接受设计的途径。现代建筑的功能日趋复杂，无论生活、学习、生产和娱乐等方式均在变化，对空间、环境和功能的质量要求则更高。而现代社会人们的观念变化迅速，物质生活的丰富使人

图1-1 西班牙建筑师高迪的作品

们的精神需求更高。同时，科技的发展使新材料、新技术不断涌现，为建筑装饰设计的发展提供了物质和技术的支持。作为青年一代尤其应当保持不断学习的习惯，与时俱进。

（一）扩大知识面，加强资料的积累

设计工作和人们的社会生活息息相关，广泛的外围知识会对设计有很大益处，应该抓住一切机会去观察周围的生活，留意它们和建筑装饰的关系。

任何时代的设计都带有明显的社会时代特征，作为设计师应经常不断地观察周围的环境，欣赏、浏览古今中外的优秀作品。如果没有大量的感性认识作为基础，对于建筑室内装饰艺术规律的探索和理解几乎是不可能的（图1-2）。

图1-2　勒·柯布西耶的室内设计手稿

艺术上的许多规律都是互通的，对于其他艺术类别，如建筑、音乐、文学、摄影、服装、美术等的爱好和钻研，对提高装饰艺术素养也是十分有益的（图1-3）。

（二）掌握正确的思维方法和思维程序

建筑装饰设计是一门综合性强、涉及面广的课程，要做到有条不紊、较好较快地完成设计任务，掌握正确的设计思维方法和思维程序是完成设计的可靠保证。

（三）正确运用各种表现技法

装饰设计的表现方法主要分图式语言和模型两类。

图式语言包括工程图和透视图，可以手工绘制或计算机制图。它具有较强的表现能力，可以表现出建筑室内外环境空间组合及各种装饰形态（图1-4）。

模型是进行方案比较和分析的最佳手段，能使建筑形体、比例和空间感觉更为直观，并能为非专业人士对设计方案的评议提供方便。

另外，建筑装饰材料的实样展示可以让用户实际触摸，感受到真实的色彩、肌理。

（四）循序渐进，提高能力

学习建筑装饰设计要打下扎实的基础，切勿好高骛远，急于求成，甚至寄希望于一时的灵感。应当加强基本功训练，更多地参与设计实践，在学习中不断总结，提高综合设计水平和表达能力。

图 1-3 都灵圣辛多尼礼拜堂剖面轴测

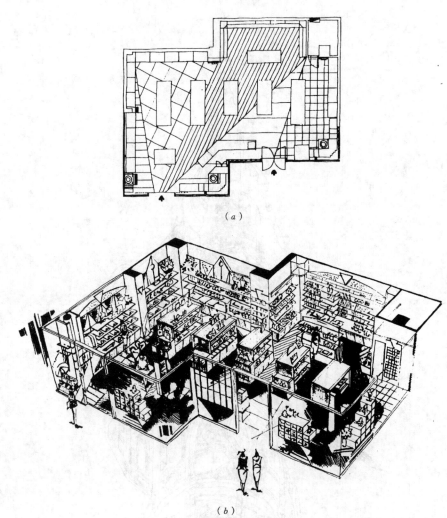

图 1-4 商店设计草图
(a) 平面图;(b) 透视图

## 第二节 建筑装饰设计史略

在今天,我们探寻建筑装饰的本质,预见建筑装饰的未来,最好的方法恐怕莫过于回顾它的历史。任何一种建筑装饰风格,都代表着产生它们的那个时代和社会的理想和追求,设计师必须了解社会,回顾历史,并对现代生活环境及文化艺术发展有个认识。

### 一、中国建筑装饰设计概述

中国古建筑以木材为主要建筑材料,在世界建筑史中形成一个独特的体系。从公元前 5 世纪的战国时期到清末共二千四百多年的封建社会是中国传统建筑逐渐成熟、不断发展的时期。

魏晋南北朝时期佛教广为传播,这时期寺庙、塔和石窟建筑得到很大发展,产生了灿烂的佛教建筑和艺术。

唐宋是我国封建社会的鼎盛时期,这时期总结制定了设计模数和工料定额制度;宋代编著了《营造法式》并由政府颁布施行。

图1-5 中国传统建筑装饰实例——苏州网师园万卷堂

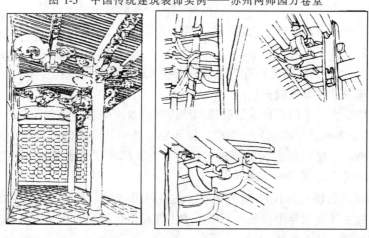

图1-6 斗栱作为结构构件在中国传统建筑装饰中发挥着重要作用

明清时期的建筑又一次形成我国古代建筑的高潮,这一时期的建筑有不少完好地保存到现在。清代工部颁布的《工部工程作法则例》是一部集各类建筑做法的著作,也是明清以来官式建筑做法的总结。

由于中国古代传统建筑多为木构结构,即所谓的"墙倒屋不塌"。因此,柱子之间可以灵活处理,并能自由填筑门窗或围护墙壁,甚至全部敞开,这样各种分隔空间手法如罩、屏风和隔扇等成为室内装修的重要组成部分。装饰细部大都集中在梁、枋、斗栱、檩、椽等处,这些结构构件经过艺术加工而发挥其装饰作用。常见的古典建筑装饰包括斗栱、门窗、罩、天花、藻井、屋顶瓦作、彩画、匾额(图1-5~图1-7)。

在色彩处理上,受建筑等级制度限制及地域影响,江南一带粉墙黛瓦,梁枋也多用

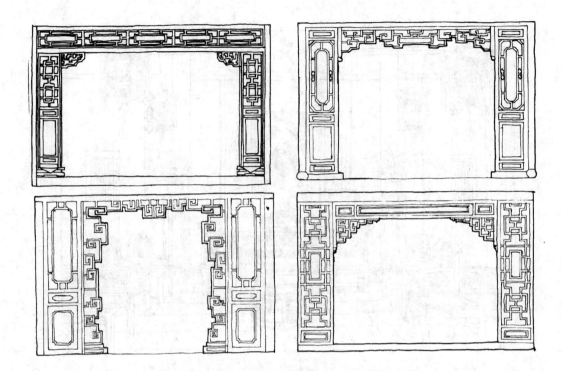

图 1-7　清式硬拐纹落地罩

黑、褐木本色，显得清淡雅致。宫殿、庙宇用黄色琉璃瓦，朱红色墙身略点金色，再衬以白色石台基，轮廓鲜明，色彩强烈。

进入 21 世纪，中国建筑装饰业更以前所未有的速度蓬勃发展。

## 二、西方建筑装饰发展简史

欧洲古希腊、古罗马的石砌建筑装饰和结构部件紧密结合。意大利文艺复兴时期的建筑师 L.B. 阿尔伯蒂在《论建筑》一书中曾提到装饰是一种后加的或附加的东西，目的是增加建筑的美感。在建筑师提供的建筑主体上，为了满足视觉要求常对建筑进行艺术加工，如在建筑内外进行雕刻和绘画等。

17 世纪初欧洲巴洛克时代和 18 世纪中叶的洛可可时代，室内装饰与建筑主体开始分离。由于建筑物主体使用年限较长，可以不动主体结构，按照时代的流行样式，只对建筑内外装饰进行改造，使之焕然一新。

巴洛克以浪漫主义的精神为特征，以丰丽柔婉的造型表现一种动态美感。洛可可是巴洛克刻意修饰走向极端的产物，它追求柔媚细腻的情调，题材常为蚌壳、卷涡、水草及其他植物曲线形花纹为主，局部点缀以人物，色彩常为白色、金色、粉红、粉绿和淡黄等娇嫩的颜色。

随着近代工业化大生产的发展和混凝土建筑的出现，混凝土建造方式不仅使室内装饰从结构中脱离出来，而且发展成为不依附于建筑主体而相对独立的重要部分。

19 世纪欧洲维也纳分离派运动，解开了单纯装饰部件与建筑主体相结合的矛盾，成为现代主义设计的先驱。随后，包豪斯学派强调形式追随功能：认为空间是建筑的主角，提出四维空间理论，提倡抛弃表面的虚假装饰；认为建筑美在于空间的合理性和结构的逻辑性，崇尚充分利用现代机械技术和现代工业材料。在外观上严格遵循功能主义的原则，绝不带任何装饰（图 1-8 ~ 图 1-11）。

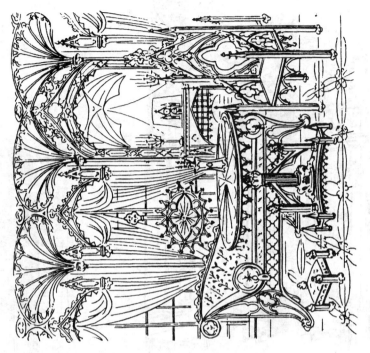

图 1-8 洛可可风格装饰实例——巴黎凡尔赛宫玛利屋

图 1-9 维多利亚时代新哥特风格

图 1-10 斯图加特某住宅装饰　　　　　图 1-11 HUOT 住宅大门

现代主义者坚信科学技术具有一种特异的力量，这种力量将改变世界，将最终解决现实和理想之间的矛盾。室内装饰设计也按功能要求，为满足人们在室内空间舒适生活和活动而装饰环境、设置用具。然而，面对工业化技术的发展，快速兴建起来的庞大的、冷漠的、且千篇一律的大片工业化人为环境，使人们感到厌倦，进而反思转向追求功能和形式的多样化。

20世纪中期以后，装饰主义、后现代主义等风格层出不穷，各领风骚。他们讲究文脉，提倡多样化，追求人情味、自然美，把山石、绿化、水景引入室内，强调个性和生态，崇尚隐喻与象征手法，创新大胆地运用装饰手段。

深入研究建筑装饰历史及各种风格流派，目的是从中汲取养料，并通过它们，把握建筑装饰的本质和发展方向。

思考题与习题

1-1　了解建筑装饰设计的任务与内容。
1-2　如何正确学习《建筑装饰设计基础》这门课程？
1-3　了解中国建筑装饰发展简史。
1-4　了解西方建筑装饰发展简史。

# 第二章　室内装饰设计原理

室内装饰设计，就是要根据功能的、美学的和行为学的导向，对室内空间进行改进，在美学方面加以丰富。要充分考虑空间、各个基面、色彩、光影、陈设、绿化等各种要素以及要素之间的关系，这些决定着室内空间的视觉质量和满足功能的程度，并且影响着我们如何去感觉和使用。

## 第一节　室内设计要素

### 一、空间要素

空间是室内装饰设计要素中的主导要素，是建筑的灵魂。

老子在《道德经》中对"有与无"、"实与虚"作过这样的哲学论述：

埏埴以为器，当其无，有器之用；

凿户牖以为室，当其无，有室之用；

故有之以为利，无之以为用。

将"利"与"用"的依存关系和相互作用阐述得简单而深刻。对于供人实际使用的建筑"有用部分"，室内设计需要在建筑空间格局基础上进一步对其进行各方面的综合设计（图2-1）。

空间就像室内设计师调色板上的原料，在空间的容积中，我们不单纯往来活动，我们还看到各式各样的形状，听到各种声音，嗅到各色花草的芳香。空间继承并传播着它所处领域中一切要素加在精神和肉体上的特性。

宇宙空间是无限的。在空间中，一旦放置了一个物件，马上就会建立起一种视觉上的关系；当另一物体被放入后，空间与物体间的多重关系就又被建立起来。空间就是这样形成，这样为我们所觉察的。

点、线、面、体，这些几何学要素，可以用来构筑并限定空间（图2-2）。当这些几何要素处于建筑的尺度时，它们就是具有线性的柱或梁，或者是具有平面性质的墙面、地板面和楼板面。

进入建筑时，人们有种隐蔽感和被包围感。这种感觉来自周围的地板面、墙面和顶棚，这些都是限定房间物质界线的建筑部件。它们将空间包围，对空间的周界加以修饰并加工，以区分室内外。

地板、墙面和顶棚及其包含的范围所起的作用，不仅标明了空间的容量、形态，同时其组合而成的结构和门窗也充实了被限定空间的空间素质和建筑素质。人们使用诸如"大厅"、"阁楼"、"日光室"、"凹室"这类名词去区分尺度和比例；区分光照的质量；区分所包围空间的性质，并说明它与相邻空间的关系。

形态是空间质量的基础，对空间环境的气氛、格调起着关键性的作用。

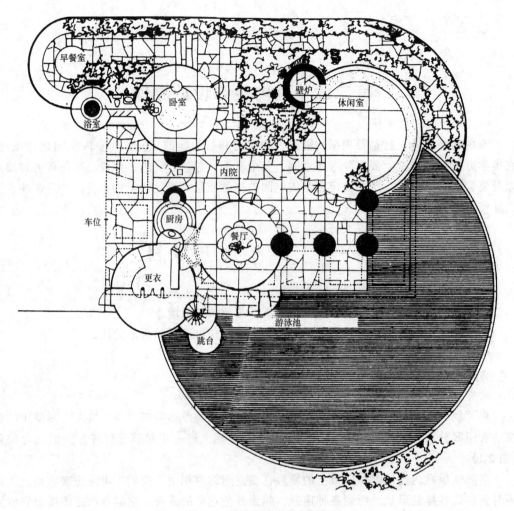

图 2-1 赖特设计的住宅空间

**二、室内界面装修要素**

用各种不同质地的材料（木、石、纸、灰、涂料、石膏、瓷砖、水泥等），依据审美要求对室内各界面及有关构件（顶棚、墙面、地面、门窗、楼梯等）进行美化和装饰，使整个室内空间的表面视觉效果达到和谐统一，以更加生动地满足使用者的物质和精神需求（图 2-3）。

建筑物中的内部空间是用建筑结构部件和围护构件——柱、墙、地板和屋顶进行限定的。这些构件赋予建筑以形态，在无限的空间中划出一块区域，但室内设计效果还需要柱、墙、地板和屋顶的材料选择、细部处理、色彩应用等的巧妙组合、运用，这些不仅影响到空间的功能和使用，而且还影响到空间形态与空间风格中所表现出来的素质。因此，在进行室内装饰设计时，必须注意风格的一致性、功能的确定性、材料质感与色感、空间效果的整体性和人工照明与自然光影的利用五个方面。

**三、色彩要素**

在建筑装饰设计中，色彩是一个很重要的因素。从色彩的实验中证明，正常状态下，人们在观察物体时，首先引起视觉反映的是色彩。色彩在人的视觉方面占有重要的地

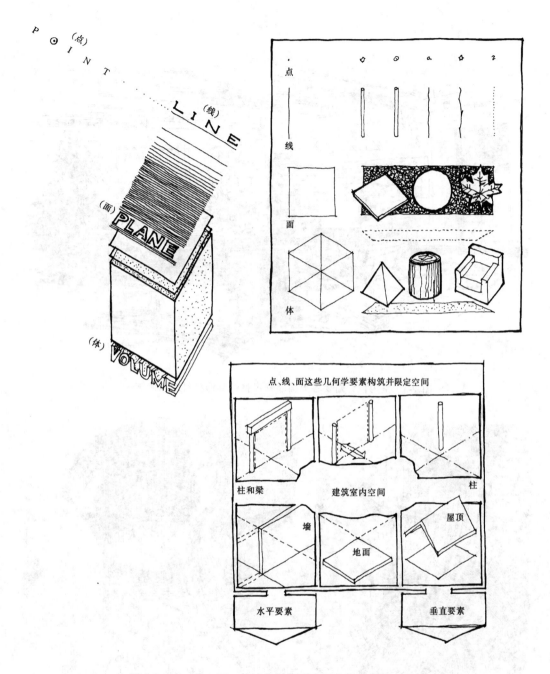

图 2-2 点、线、面、体这些几何要素用来构筑并限定空间

位。

（一）光与色

色彩作为人的视觉感觉之一，有其客观存在的基本条件和表现的基本特征。色彩存在的基本条件为：光源、物体、人的眼睛及视觉系统。它是由光刺激视神经传到大脑的视觉中枢而引起的一种感觉，没有光线，就不能辨认形体与色彩（图 2-4）。

（二）色彩的三要素

图 2-3 室内设计需要各界面装修风格、装饰材料的和谐统一

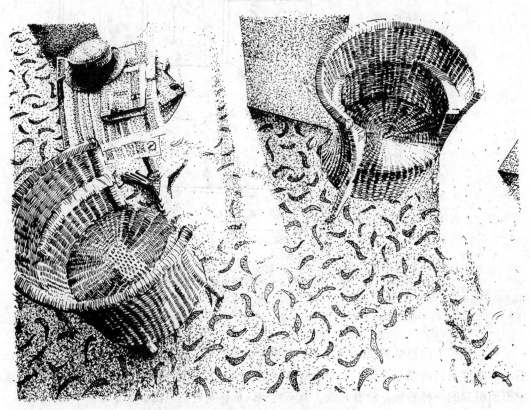

图 2-4 光线的存在是视觉感受的前提

色彩的色相、明度、彩度（纯度）是分析色彩的标准尺度。通常称之为色彩三要素或色的三属性。

（三）色立体

由美国色彩学家孟赛尔创立。按色相、明度、彩度三属性，可以把色配成一个立体形状，叫做色立体。通过色立体可以了解色的系统组织。

（四）色彩的表情

色彩本身是没有表情也没有感情的，但由于人们的实践经验，常把事物与相应的颜色加以联想，从而产生了不同的心理效果。

（五）色彩的功能作用

色彩的感情成分较重，因而可以表达出功能作用：满足人们视觉美感、表现人的心理反应、调节室内光线的强弱、调整室内空间、改善工作和生活的物理环境。

四、光影要素

光和影是一对互相依存的伙伴，有了光才有影。光是一种辐射能，它均等地向各个方向辐射开来，赋予空间的效果非常强，对室内设计来说，是不可缺少的要素。光给室内空间以生命感，它被室内空间吸入、扩散，并提供适度照明。

光影可分为自然采光和人工照明两大类。

自然采光主要有直射光和漫射光两种。人工照明有直接照明、间接照明、漫射光照等。

对于光源的选择及光照的处理，将直接影响室内设计的效果，也是室内设计中较难掌握与处理的一个要素（图2-5）。

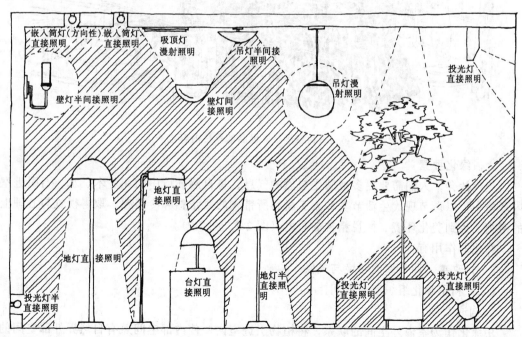

图2-5 各类型灯具及其照明特征

五、陈设要素

在室内装饰设计中，陈设要素更偏重表达精神功能。这不仅有增强室内空间视觉效果的作用，更重要的是还有增进室内设计性格品位的作用。

陈设品的范围极广泛。大体上分为装饰性陈设和功能性陈设两大类。所谓装饰性陈设品是指本身没有实用价值而纯粹作为视觉感受的装饰品。所谓功能性陈设品是指本身具有特殊用途兼有观赏趣味的实用品。陈设是人们在室内活动中的生活道具，是室内设计的主要内容之一。

陈设品的选择，除了必须充分把握个性的原则来增强室内的精神品质外，还必须兼顾陈设品的风格、形式、色彩和质地。

陈设品布置主要有墙面装饰、桌面陈设、橱架陈设等（图2-6、图2-7）。

图 2-6　织物靠垫是陈设品的重要内容之一

**六、绿化要素**

当代社会，人们需要更多地感受自然的气息，将自然环境中的花、木、水、石引进室内环境中，以调节现代生活节奏和人工材料所带来的紧张感和冷漠感，取得视觉与心理上的平衡，达到美化环境、愉悦精神的目的（图2-8、图2-9）。

绿化的作用有：

（一）改善、调节室内环境与气候

（二）利用绿化组织室内空间

1. 沟通空间

用绿化作为室内外空间的联系，将植物引进室内，使内部空间兼有自然界外部空间的因素，有利于内外空间的过渡。

2. 限定空间

利用绿化限定空间，具有更大的灵活性，可随时根据使用功能的变化而变化，不受任

图 2-7 器物成为艺术的陈设品

何限制。

3．空间的指示与指向

利用绿化起到暗示与引导作用。由于绿化本身具有观赏的特点，能强烈吸引人们的注意力，因而能巧妙而含蓄地起到提示与指向的作用。

4．柔化空间

室内配置绿化，利用植物独有的曲线、多姿的形态、柔软的质感和悦目的色彩改变人们对空间的印象并产生柔和的情调。

（三）利用绿化美化室内环境

室内植物作为装饰性陈设，比其他任何陈设更富有生机和魅力。

**七、家具要素**

家具的设计、选择和布置方式，对于达到室内设计的效果起着重要的作用。

图 2-8 绿化具有美化环境、愉悦精神的效果

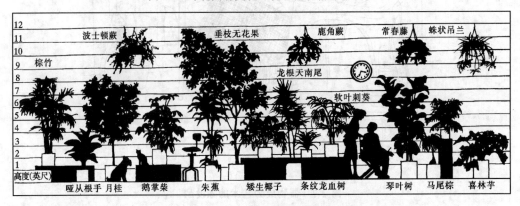

图 2-9 一些常用室内植物的形状和尺寸

在室内设计中,家具占有相当大的比重。通常情况下,家具在室内要占有 1/3 左右的面积,在较小的房间里甚至可达 2/3 左右。因此,家具对于室内设计具有决定性的影响。

家具是实现室内功能的实物依托,并具有丰富的艺术内涵,而且还同时兼有分割空间、组织空间等作用。其形式、风格不仅满足了人们的精神审美要求,还起到烘托室内艺术气氛的作用(图 2-10)。

**八、人的要素**

人作为室内空间的使用者是室内设计的第一要素。考虑人的因素,需要树立"以人为本"的设计理念,引进人体工程学,不仅在尺度上,而且在精神方面满足人们对空间形态、环境气氛的各种需求(图 2-11)。

图 2-10 家具尺度宜与室内空间尺度相适应

图 2-11 对于与活动有关的空间、家具、器物等设计都必须考虑人的要素

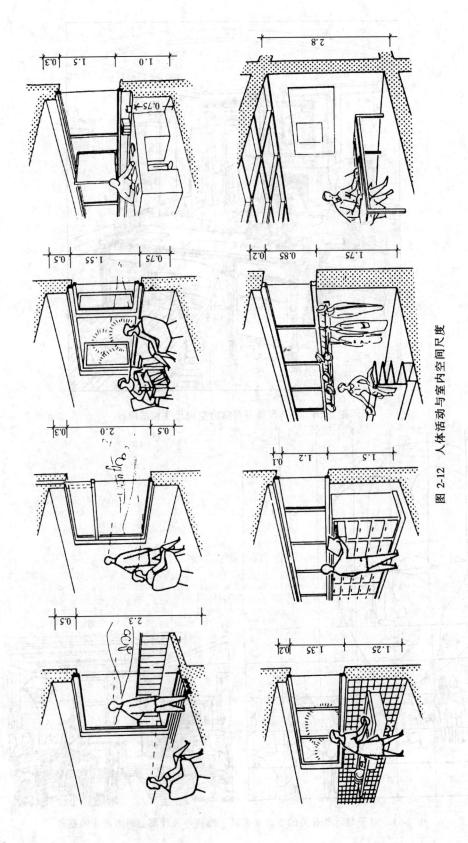

图 2-12 人体活动与室内空间尺度

人的生活行为是丰富多彩的，所以人体的工作行为也是千姿百态的。从人的行为动态来说有立、坐、卧三种类型，各种姿势都有一定的活动范围和尺度，与空间密切相关。

人体工程学以人为主体，通过对人体形态计测、生理及心理计测等手段，研究人体结构功能、心理、力学等方面与室内环境之间的协调关系，确定适合人的身心活动要求的参数。

这些参数是决定人在室内活动所需要空间的主要依据，确定家具、设施的形态、尺度及其使用范围的主要依据（图2-12）。

**九、设备要素**

室内环境为使用者的舒适和方便，提供采暖的、视觉的、听觉的与卫生条件之所需，它们已成为任何一座建筑物的组成部分。室内设计师要意识到这些设备系统要素的存在，并且了解它们，与结构工程师、设备专业工程师相配合，使其不仅满足于功能，还要充分考虑到室内环境的质量。

这些系统包括：采暖与空调系统、给水与卫生排污系统、电气与照明系统、视听系统等。

这些环境控制系统在下列诸方面均相似：它们都要有一个发源装置或是一个供应入口，有其输送装置以及最终在室内空间有一个结束点，以提供调节后的空气、冷水与热水、电力和照明。这些系统管线在建筑物中上下纵横穿插。细小的管道、线路在垂直穿行中可以包在墙中，但是较粗的管线就需要竖井空间。水平管道可穿行在楼板结构中，若需要更多空间可穿行在楼板与吊顶之间。

这些系统管线与室内空间的交接不仅影响着它们系统的外观，同时也影响到空间怎样使用。对室内设计师来说，对空间视觉质量有冲突的那些部件的外观是重要的（图2-13）。

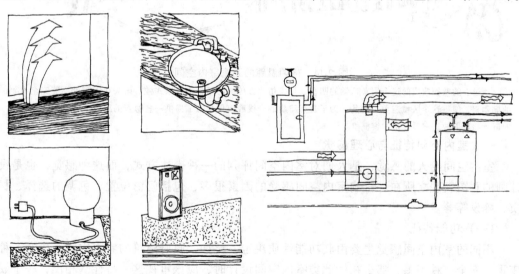

图 2-13 设备要素

## 第二节 室内空间设计

室内空间设计依据功能需求和精神需求，就比例、尺度、肌理、色彩、虚实等对室内空间的形态进行处理。包括分割与连接、开敞与闭合、转折与流通等空间序列处理；功能与审美、认知与情感、动态与静态等空间形态处理；纵向与横向、深度与广度、细腻与粗放等精神感受方面的协调（图 2-14）。

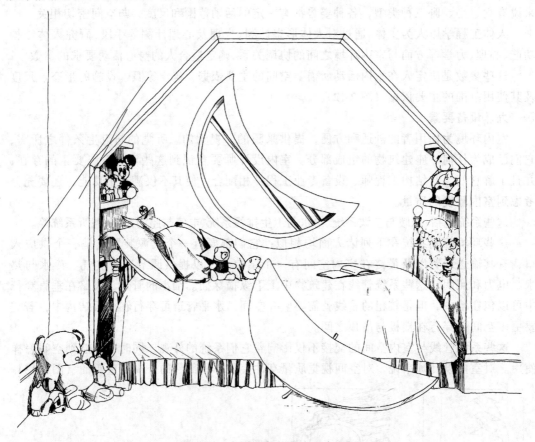

**图 2-14 格调温馨的儿童室内空间**

用过去的壁橱改成的这个用来睡觉的凹室，是模仿北方传统的箱柜连体床式样。床头和床脚处不能完全看到的搁物架，使得这个区域避免了凌乱。为了避开清晨的光线或仅仅是为了提供一些隐蔽的感觉，一个泡沫塑料做的嵌入物可以放进那月牙形的窗框里。

## 一、室内空间特征与心理感觉

室内空间给人的感觉，是人们对室内空间评判的一种表述方式，而这种感觉，也是设计师的意图表现之所在。影响室内空间感受的因素很多，包括门窗位置、色调的选择、材质、陈设等等。

### （一）功能特征

不同的室内空间感觉主要由其功能性质决定。比如，政府建筑的室内空间，应有一种庄重、安全、秩序感，那么在做此类室内空间设计时，应该审视这一特性。相反，一个娱乐场所的室内室间，一般情况下则应该是活跃的或者是活泼的，而不能是严肃的。

特定性质建筑的室内空间一般可以分为公共空间、私密空间、服务空间等，其功能要求各不相同。以居住建筑为例：起居室、客厅等公共空间要求宽敞、明亮并可多种功能兼用；卧室、书房等私密空间要求隐秘、安静、舒适；厨房、浴厕等服务空间应注意防止对私密空间和公共空间产生干扰且使用方便。

以上各类空间应相对集中，最好能形成单独区域，保持空间的安宁气氛，使之互不干扰。

### （二）形态特征

空间形态可分成：固定、可变、实体、虚拟、开敞、动态、静态和共享等等，它们各自给人以不同的心理感觉。

（三）空间构成

空间构成可以分为正向空间、斜向空间、半球形空间和自由曲面空间（图2-15～图2-17）。

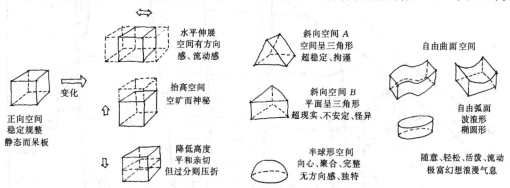

图 2-15 空间形态示意

图 2-16 和式韵味的室内风格需要低矮空间

图 2-17 别墅的客厅空间高大,气势不凡

## 二、空间限定

限定是空间设计中经常使用的手法。运用地面、墙面和顶棚来恰当地围合一个供人们

进行各类活动和生活的"庇护所",称之为空间限定。

空间限定一般多利用水平要素、垂直要素两种方式。

空间限定也分层次,既有"量"的规定性,也有"质"的规定性。初步的空间限定仅仅是室内的"骨架"部分,主要是研究和确定空间的形体关系与明暗关系。有时需要二次空间限定,对室内的空间进行第二次组织、分隔,才能充实空间内涵,丰富空间层次,更好地满足物质功能与精神功能的要求(图 2-18、图 2-19)。

图 2-18　高耸的床架边柱很好地做了空间限定

图 2-19 利用家具分隔空间使利用率大大提高,丰富了空间形式

### 三、空间序列

所谓空间序列,就是将空间的各种形态与人们的活动功能要求按先后顺序有机地组合起来。人们在观赏建筑时,不仅会涉及空间变化的因素,同时还与时间变化因素有关。空间的连续性和时间性是空间序列的必要条件。

良好的空间序列设计,像一部完整的乐章,动人的诗篇。

### 四、室内空间构图形式美的规律

对于室内空间构图而言,从某种意义上讲,并没有固定的规律,但从审美的角度讲,室内设计艺术美又有其本身的规律。因此,在室内装饰设计中运用建筑技术、艺术、规律和构图法则等，寻求空间内在的美学规律，对于做好设计，是很有必要的。

（一）协调、统一

是将所有的构成要素组织在一起，以形成有机的空间整体（图2-20）。

（二）比例、尺度

1. 比例

建筑装饰设计要研究各种要素之间以及各要素与整体之间的大小、高低、长短、宽窄、厚薄、粗细的关系（图2-21）。

2. 尺度

尺度是指如何在与其他形式相比中去看一个建筑空间或要素的大小。

（三）平衡

平衡指部分与部分之间，部分与整体之间取得视觉平衡，给人以舒适的感觉。均衡分对称和非对称两种。对称表现为静态均衡，普遍存在于自然界。非对称的平衡不能直接观察到中心和轴线，其均衡是感觉上的均衡（图2-22）。

（四）节韵律

所谓节韵律即节奏和韵律的合称。二者既有区别又有联系，合为一律。具体有渐变的、重复的、交错的韵律。

（五）重点

在装饰设计构图中，没有突出重点的支配要素的设计将会是单调的，而过多的要素以均衡的力度出现，将无重点可言。室内的构图设计，如果没有重点就不能给人留下深刻的印象。如根据空间的性质，围绕一种预期的效果，进行有意识地突出和强调，就能使室内空间有主次之分，重点突出，形成视觉中心。

有许多方法可以用来加强对重点部分的注意。它们可以通过异常的大小、质地、线条、色彩、空间、图案形式等形成对比、偏移、向心、线性序列、运动的终点等来完成，也可以通过次要要素重复有序的排列，重要要素的特别排列或旋转，或运用特殊照明的方法来突出重点，吸引人的注意力。

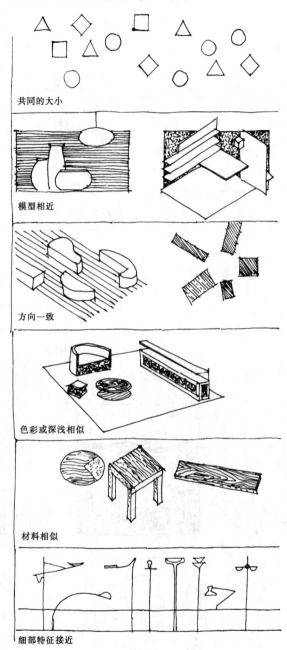

图2-20 构图规则——协调统一

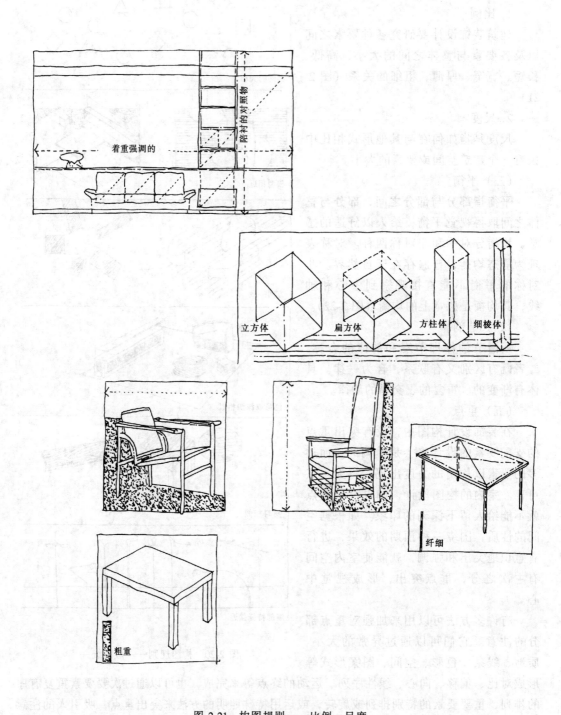

图 2-21 构图规则——比例、尺度

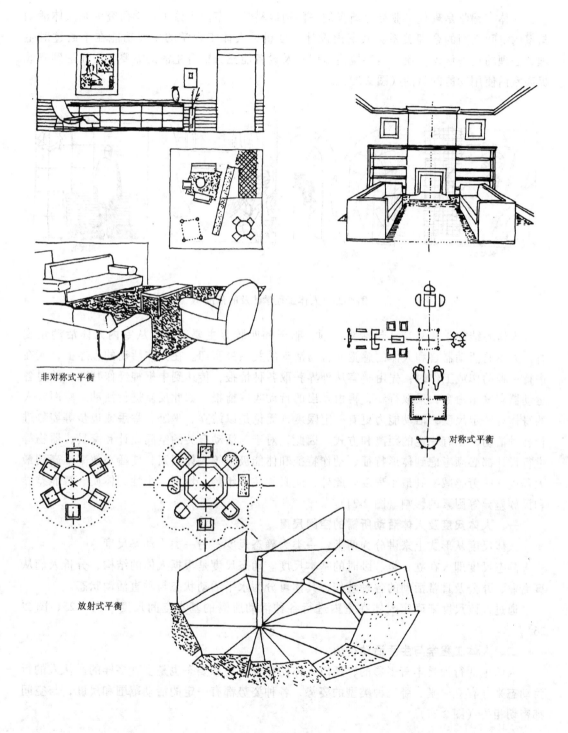

图 2-22 构图规则——平衡

## 第三节 人体工程学基本知识

人体工程学是现代工业社会新兴的一门边缘科学。室内人体工程学研究的是人体活动与室内空间之间的合理关系。从室内设计角度讲，人体工程学的主要功能在于通过对生理、心理的正确认识，使室内环境诸多因素及设备能充分配合生活的需要，进而达到有效提高室内使用功能的目的（图2-23）。

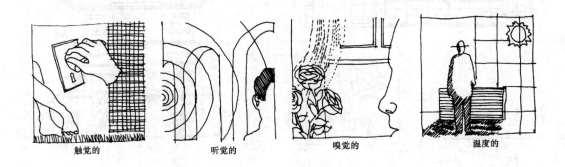

触觉的　　　听觉的　　　嗅觉的　　　温度的

图 2-23　人体工程学涉及的范围

人体的结构非常复杂，包括头、颈、躯干和四肢等主要部分。从室内人体活动角度看，人体的活动器官和人体的感觉器官与活动的关系最密切。在人体活动的程序上，人在进行一种动作或工作时，先由感官从外界获取各种情报，传达到中枢神经作判断，并对各运动器官发出命令，采取行动，再由发出的行动收取情报，如此反复进行活动。然而，人的身体有一定尺度，活动能力更有一定限度，无论是以站立、坐卧、举手或迈步等姿势进行各种活动，都有一定的距离和方式。因此，对于与活动有关的空间设计和家具、器物等进行设计都必须考虑到体形特征、动作特征和体能极限等人体因素，使活动效率提高到最大程度，疲劳感减少到最小程度。此外，还必须注意年龄、性别、个性、体质、智能差异和民族差异等因素的影响（图2-24）。

### 一、人体尺度及人体活动所需的空间尺度

人体尺度从形式上来讲分为两类：一类为静态尺度；另一类为动态尺度。

静态尺度即人在立、坐、卧时的基本尺度。动态尺度是根据人体的结构，分析人们从事商业、办公及日常活动的各种动作，具体可分为水平活动状态与垂直活动状态。

通过人体尺度来确定人体在室内进行各种活动所需的基本空间尺度（图2-25、图2-26）。

### 二、人体工程学与生活活动行为

人的生活行为是丰富多彩的，所以人体的作业行为和姿态也是多种多样的。从人的行为动态来分有立、坐、卧三种类型的姿势，各种姿势都有一定的活动范围和尺度，与空间都密切相关（图2-27）。

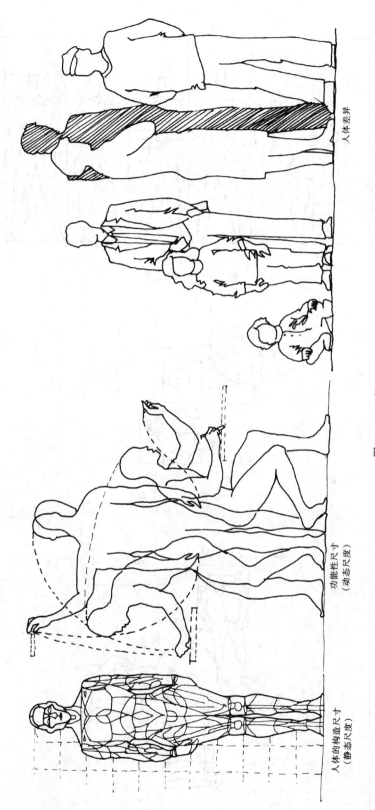

图 2-24 人体尺度

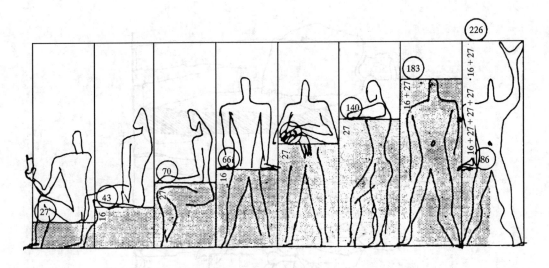

图 2-25 人体尺度

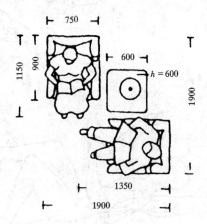

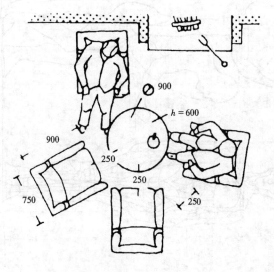

图 2-26 人体空间尺度

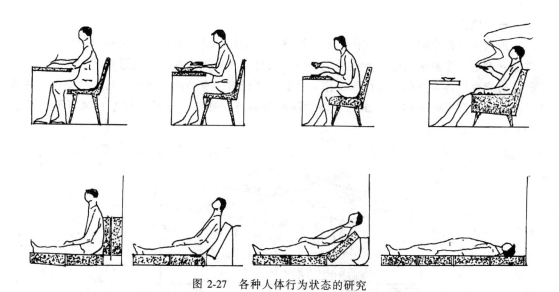

图 2-27　各种人体行为状态的研究

## 第四节　室内界面装修设计

室内界面指围合成室内空间的地面、墙面、顶棚，与空间相对。界面是材料实体，装修设计涉及材料、构造、色彩、形态和图形等等，需要符合室内功能使用要求，符合空间艺术表达，选择适宜的装饰材料与施工方法等（图2-28）。

图 2-28　界面围合构成空间形态

一、地面

地面是室内空间的平整基面，是支持室内活动和家具的承台，对人的影响较大。其构件必须满足安全要求以便可靠地承受荷载。同时，人通过平视、俯视感觉到它的变化，在行走时能直接体验其触觉与性质。作为视觉主要因素，它必须与整个空间一样完善，并通过变化为人们引导方向。地面的装饰常用的材料有：地砖、木板、石材、地毯等（图2-29）。

图2-29 各类陶瓷面砖广泛应用于室内地面装饰

在设计地面时应考虑以下几个因素：

（一）功能性的因素

在地面设计时考虑其功能是必要的，功能是铺砌形式、范围的依据。如容易被弄湿的地方，应避免使用坚硬、光滑的材料；柔软的、绒类带孔的材料能减弱冲击声，并有助于将到达表面的空气声抑制住从而起到消声的作用；浅色地面可较多地反射入射光线，且有助于使颜色较深且质感强烈的房间，看上去更明亮些。

（二）导向性的因素

利用地面做导向处理可以达到很好的效果。一般在门厅、走廊、商场等空间内常采用导向性的构图方式，可以使进入者根据地面的导向从一个空间进入另一个空间。特别对一些较隐蔽的空间效果更好。

（三）装饰性的因素

地面设计除了考虑功能作用外，还需要考虑其装饰性。运用点、线、面的构图，组成几何图案，可使整个室内空间活泼、跳跃或产生庄严、宁静的感觉。

## 二、墙面

墙体是构成空间的要素之一，按其在建筑中的位置可分为外墙、内墙；按受力性能可分为承重墙、非承重墙。在建筑中墙体主要起承受荷载、对空间进行围护和分隔的作用。围合空间的内侧墙面是室内装饰设计的主要对象之一（图2-30、图2-31）。室内墙体装饰主要有以下三方面作用：

图 2-30　墙是室内装饰设计的主要对象之一

保护作用　通过装修使墙体在室内湿度较高时不易受到破坏，延长使用寿命。

装饰作用　装饰使室内空间更富有情趣，成为人们的兴趣所在。

使用功能　为保证人们在室内正常工作、学习、生活的需要，墙体必须具备隔热、保温、隔声等作用。

墙面的装饰材料很多，有时不单采用一种材料，而是在同一墙面采用不同材料组合起来进行装饰。

## 三、顶棚

顶棚是室内空间的第三个主要界面。虽然顶棚不像地面和墙面能时常被人直接接触和使用，但顶棚在室内空间的形式和竖向尺度限定方面却充当着重要的视觉角色，顶棚的高低错落可以使空间产生变化（图2-32、图2-33）。

（一）顶棚的形式

一般是在楼板或屋顶的底面，用不同的材料和结构连接，即在楼板或屋顶下做吊顶；有时让结构面层暴露出来，直接当作顶棚，具有特殊效果。

图 2-31 合理装饰墙面，营造心情愉悦的生活空间

（二）顶棚处理手法

顶棚的处理通过变化空间的高低，运用色彩、细部处理以及质感对比等方法加以调整。

（三）顶棚的用材

顶棚的用材涵盖了各类饰面材料，常见的有：轻钢龙骨、纸面石膏板、矿棉板以及金属板等。

### 四、界面材质与心理感受

| 材 质 特 征 | 心 理 感 受 |
| --- | --- |
| 清水勾缝的砖墙面 | 传统、平易、质朴 |
| 棉、毛、丝、麻织物 | 柔和、温暖 |
| 纹理清晰的木材 | 自然、亲切、弹性 |
| 磨光平整的花岗石 | 坚实、光洁、高级 |
| 抛光的镜面金属 | 精致、光亮 |

界面材质的选择十分重要，包括色彩、质地、肌理等综合感受以及受光照影响引发不同的心理感受（图2-34、图2-35）。

另外，材质的对比也会产生很好的效果。比如，天然与人工的对比，选用木、竹与金属板、玻璃、高分子材料的组合，硬质与柔性的碰撞，将花岗岩等石材与棉、毛、丝、麻有机搭配等。

图 2-32 变化的顶棚与货架构成的墙面限定出明确的商业空间

图 2-33 特征显著、高低错落的顶棚使空间产生变化

图 2-34 各种材料被有机结合，形成良好的视觉效果

图 2-35 竹、木、砖等传统材料传递出自然清新的感受

## 思 考 题 与 习 题

2-1 室内设计有哪些要素？它们之间相互关系如何？
2-2 掌握室内空间设计原理。
2-3 了解人体工程学。
2-4 分别说出地面、墙面、顶棚常用的装修手法。

# 第三章 室内色彩设计

在空间构成要素中,除了形之外必然伴随着色彩。人们普遍认为在一个空间之中,首先感觉到的是色彩,其次才意识到形。色彩能吸引人,可以加强形的效果,更好地表现空间。

室内色彩能够影响人们的情绪。色彩也是一种最实际的装饰因素。同样的家具、陈设施以不同的色彩可以产生不同的装饰效果(见彩页图3-1～图3-2)。

## 第一节 色彩的组成

### 一、色彩的本质

色彩是光作用于人的视觉神经所引起的一种感觉。物体的颜色只有在光线的照射下才能为人们所认识。

光线照射到物体上,可以分解为三部分:一部分被吸收,一部分被反射,还有一部分可以透射到物体的另一侧。不同的物体有不同的质地,光线照射后分解的情况也不同,正因为这样,才显示出千变万化的色彩。

现代色彩学以太阳作为标准发光体,并以此为基础解释光色等现象。太阳发出的光由红、橙、黄、绿、青、紫六种颜色组成,这六种颜色作为标准色。太阳光照射到物体上,被反射的光色就成了物体的颜色。白色与黑色等各种颜色都是相对的,在自然界中并无纯白与纯黑的物体,即并无完全反射或完全吸收所有光色的物体,物体对光色的反射和吸收是相对的,它们除大部分反射或吸收某种光色外,又往往少量反射或吸收其他光色。正因如此,世界万物才能丰富多彩,令人眼花缭乱。

物体的颜色要依靠光线来显示,但光色与物色并不相等。光色的原色为红、绿、青,混合之后近于白色;物色的原色为红、黄、青,混合之后近于黑色(图3-3)。

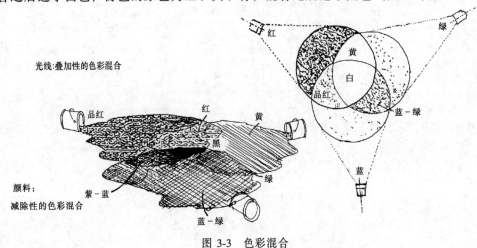

图 3-3 色彩混合

## 二、色彩三要素

色相、明度和彩度是色彩的三要素。

### （一）色相

色相反映不同色彩各自具有的品格，并以此区别各种色彩。红、橙、黄、绿、青、紫等色彩名称就是色相的标志。对光谱的色顺序按环状排列即为色相环。色相环包括六个标准色以及介于这六个标准色之间的中间色，即红、橙、黄、绿、青、紫以及红橙、橙黄、黄绿、青绿、青紫和红紫十二种颜色，即称十二色相。这十二色相以及由它们调和变化出来的大量色相称为有彩色；黑、白为色彩中的极色，加上介于黑白之间的中灰色统称为无彩色；金、银光泽耀眼，称为光泽色。

### （二）明度

明度即色彩的明暗程度，它的具体含义有两点：

1．不同色相的明暗程度是不同的。光谱中的各种色彩，以黄色的明度为最高，由黄色向两端发展，明度逐渐减弱，以紫色的明度为最低。

2．同一色相的色彩，由于受光强弱的不同，明度也是不一样的。以无彩色系为标准，色彩的明度分为九级。

### （三）彩度

彩度又称纯度或饱和度，指的是颜色的纯粹程度。当色素含量达到饱和程度时，该色彩的特性才能充分地被显示。

标准色彩度最高，它既不掺白也未掺黑。在标准色中加白，彩度降低而明度提高；在标准色中加黑，彩度降低，明度也降低。

### （四）色立体

按色相、明度、彩度三属性，可以把色配成一个立体，叫做色立体。通过色立体可以了解色的系统组织（图3-4）。

## 三、色调

色调就是我们看到的所有色彩组合的基本倾向。从色性上可分为暖色调和冷色调两种（图3-5）。任何居室都应根据其功能和审美的需要，围绕一个主色来进行设计，这样就会形成一个统一的色调（见彩页图3-6、图3-7）。

在进行居室的色彩选择之前，应了解各种色彩的特性及对人的心理影响的一般规律：

红色　是一种令人激奋的色彩，给人一种刺激的感觉。它最适用于做装饰品或其他室内家具的附属物，如坐垫、靠垫等。它与白、淡黄、赭石、金色相调和，与绿色产生对比的补色效果。

橙色　也属于激奋的色彩之一，但比起红色要轻快和欢欣一些，它散发着一种强烈而温暖的感觉。它与白色、黑色、棕色相调和，与蓝、紫两色为互补色。在走廊、厅堂等空间，橙色是一种极好的应用色彩，它给人以活泼、温馨的感觉。应用时，最好只用它来点缀，不要大面积使用。

黄色　是一种欢快的色彩，是最具舒适、愉悦的暖色，给人以阳光明媚的感受。在各种色彩中，它的明度最高，能充分反射光线。一般来说，黄色需要与大量的白色相混合来减弱它的强度，才能适合室内装饰的需要。黄色不能和过多的对比色接近，这样才能达到较佳的视觉效果。它与白色、浅赭石和棕色相调和，对比补色为紫色。

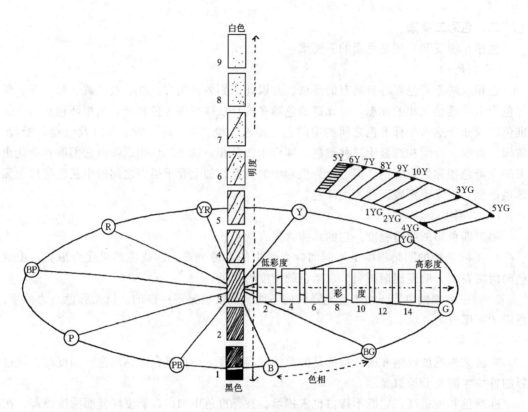

图 3-4　蒙赛尔色彩体系

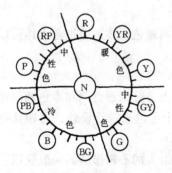

图 3-5　暖色和冷色

　　绿色　严格地说，它是介于冷暖两种色彩之间的中间色。绿色显得和睦宁静，在明亮色彩和淡灰色的背景上，它是一种很好的暖色系列的衬色。它与金黄、浅白配合使用，会产生舒适、宁静的视觉效果。在居室装饰中，一般使用浅绿、粉绿和淡橄榄绿色。

　　蓝色　它是最凉快的色彩，在它的最高彩度上能产生晴朗和凉爽的感觉。它与白色混调后能适合于作光线充足的房间的配色，使居室显得柔和淡雅，清爽宁静。淡蓝、淡湖蓝色，是居室装饰的常用色调。

　　紫色　紫色是最具神秘感的色彩，但也是最难使用的色彩。它是半暖半冷的色彩，在其最高的彩度上，它产生压抑而带有神秘的气氛。如果用明亮的淡紫色，则会形成柔雅的感觉，营造出豪华不凡的气氛。一般居室装饰中使用淡青紫、淡玫瑰等浅色调。

## 第二节　色彩在家居中的作用

### 一、调节人的心态和情绪

　　我们可以设想如果居室四壁皆白，会使人在心理上产生无依托的感受，单调乏味。如果是有色的墙壁或在墙壁上挂一幅色彩鲜亮的画，会使人的心态和情绪得到激发。居室色彩搭配得和谐与平衡，人的紧张情绪会得到放松，在心理上则自然产生美感；相反，如果色彩反差太大，会令人感到紧张，沉闷和烦躁。

一般来讲，暖色调使人兴奋，高明度的色彩则令人振奋；冷色调使人镇定、安宁，对比强烈的色彩则易刺激人的情绪。实际情况表明，根据色彩的特点和自己的审美观点与审美情趣进行居室色彩的选择，就能较好地满足人们视觉美感的需求。

### 二、调节光线的强弱

由于各种色彩的反射率不同，因而对居室光线的强弱影响也不同。如果居室内光线太多、太强，可选用明度低的色彩，如浅灰色等；相反，可选用明度高的色彩，如白色等。

北房较阴暗，可使用明度高的暖色调的色彩；南房光线充足，宜用明度稍低的色彩。

### 三、调节空间的大小

不同的色彩能使人产生不同的距离感和重量感。对居室空间的高低、宽窄具有一定的调节作用。

### 四、对人体健康产生影响

居室色彩选择适宜，可以促进人体健康；相反，则会对人体健康产生负面影响。

例如，红色具有强烈的刺激作用，能使人神经系统兴奋。居室内红色使用过多，会使人感到焦虑，心情受到压抑，易疲劳。在家装中，一定要适度使用红色，尤其是在卧室中要避免过多使用。绿色具有镇静神经、清除疲劳和克服消极情绪的作用。蓝色有利于调整人的体内平衡，可消除人的紧张情绪和疲劳的状态。人们生活在适宜的蓝色居室中，会感到舒适、宁静、优雅。

## 第三节　各类功能居室的色彩选择

### 一、客厅

客厅的色调根据个人喜好可以是暖色、冷色或一些中性色调，关键是要创造出和睦、舒适、优雅的气氛。客厅需要一些活泼醒目的色调来加以强调或对比，但增强这一视觉效果不能靠大面积的强烈对比色来解决，而要靠鲜明的家具色调，或是强反差的墙上装饰画和其他陈设来实现。另外，用一小块色调鲜明的地毯铺在沙发前改变地面色调也是手法之一。总之，客厅的色调主要由墙面、地面、窗帘来控制，而用家具、装饰品来作调剂和衬托。

### 二、卧室

卧室主要是睡眠和休息的空间，色彩不宜过重，对比不要太强烈，宜选择优雅、宁静、自然的色彩。一般来说，卧室的色调以暖色调或一些中性色调为宜，尽量避免使用过冷或反差过大的色调，否则，刺激视觉神经令人坐卧不安。在色调安排上，只要确定了墙面、地面、窗帘、床罩这几大块的色彩，卧室的整体色调也就基本成定局了。儿童的卧室，色彩以明快的浅黄、淡蓝为主。到青年时，男女特征表现明显。男青年宜用淡蓝色的冷色调；女青年宜用淡粉色等色调。中老年人宜以白、淡灰作为卧室色调。

### 三、餐厅

餐厅是家庭进餐的地方，地面宜采用深红、米黄色、深橙色等色彩进行装饰，墙壁的色彩较为多样化。墙壁色彩可分为两种：一种是反映家庭个性；另一种则选择平淡的色彩，以控制情绪为主。

### 四、厨房

厨房是制作食品的场所，易发生污染，需要经常清洗。因此，应以白、灰为主。地面不宜过浅，可采用深灰等耐污性好的颜色。墙面以白色为主，便于清洁整理。顶部宜采用浅灰、浅黄的颜色。

### 五、卫生间

卫生间在色彩上有两种形式供选择。第一种简明、轻松，一般家庭选择的较多，它主要是以白色为主的浅色调。第二种主要是以黑色为主的深色调，这种色彩个性强，思想活跃的人比较喜爱。

见彩页图 3-8～图 3-12 为各功能居室实例，图 3-13 为客厅设计彩色透视手稿。

思 考 题 与 习 题

3-1 什么是"色调"？它有哪些类型？举例说明它们的装饰效果。
3-2 色彩在家居装饰中有什么作用？
3-3 怎样选择客厅和卧室的色彩？

# 第四章　室内光环境设计

　　光线，几乎是人的感官所能得到的最辉煌和最壮观的经验。正因为如此，它才会在原始的宗教仪式中成为人们顶礼膜拜的对象。随着它对人类日常生活和生产活动的巨大作用日益为人们所认识熟悉，人们越来越重视室内光环境的设计。

　　光线和照明不但是日常工作、生活中必不可少的条件，同时也是室内设计中的重要审美环节，独到的室内照明和采光环境设计能够强化空间的表现力，增强室内空间的艺术效果（图4-1）。

　　光可分为自然光和人工光两类。白天，阳光透过门、窗等照进房间，使室内获得光亮，从而满足人们的日常生活和工作的需求。夜晚则通过各种人工光源使室内获得光亮，替代自然光以满足人们工作、生活的需要。在室内光环境设计中，通常是将二者结合在一起考虑，做到既满足使用功能的要求，创造舒适、优雅的室内环境又经济节能。

　　在处理采光和照明时，同时应考虑到影相。光和影是不可分割的。

　　室内利用自然光大体可以分为侧光和顶光两种。自然采光在设计时主要控制两个方面的内容：一是入射光的量；二是入射光的方向。目的是要使之能够保证室内正常活动的需要。

　　试想，一间阳光充足的房间与一间依靠灯光照明的房间相比，前者将更加宜人，更加有情趣且充满活力。事实上，没有什么事情能像阳光照射进房间那样，对人的心情产生如此之大的影响。这种感受是任何人工照明的手段所无法替代的（图4-2）。这正是现代室内设计所努力追求的目标——比以往更加注重对设计的主体"人"的关心。

## 第一节　光在室内设计中的作用

　　室内光环境设计的目的，就是通过光的表现和运用，获得最佳的视觉感受，创造富于个性特色的室内环境气氛和意境，增强室内环境的舒适感和美感。

　　光是我们认识客观物像的媒介。光可分为自然光和人造光。光运用得如何直接影响室内装饰的效果，并对人的情感产生影响。所以，现代室内光环境设计除了能够提供视觉所需要的光照外，还具有以下几个方面的作用：

### 一、满足使用功能

　　在室内设计中，由于空间的使用功能不同、空间的形态不同、空间内各分区的具体功能的特殊性，对于光的运用要求也将不同。在光通量、照度、布置手段等方面都以满足人们的视觉功效为目的，满足使用功能要求为依据。如家居的温馨、商场的明亮和咖啡吧的幽雅以及歌舞厅的神秘等。

### 二、作为构图要素

　　在室内空间中灯光分布的位置、照射的形式、投光的范围不同，光的颜色、强弱、色温与性质，灯光布置形式都能够形成某些特殊的构图，达到控制整个室内环境、组织空间

图 4-1 光环境设计能强化空间表现力,增强室内空间艺术效果

图 4-2　阳光照射进房间的感受是任何人工照明手段都无法替代的

区域、创造出相应环境气氛的目的。特别是运用灯光划分产生的虚拟空间（如咖啡厅的吊灯），家居客厅中局部照明的运用在室内光环境设计中都是很重要的（图 4-3）。

### 三、衬托与点缀

在室内环境中，针对某些区域和物品巧妙地、独具匠心地运用光的手段，显示出它们的魅力，达到衬托点缀的效果。在表现了对象本身价值的同时，也再现了灯光环境的艺术价值。如，博物馆展品旁的局部灯光，模特台的背景投光等（图 4-4）。

### 四、创造环境气氛

在运用灯光表现空间形式上，直接投光，可以使室内环境明亮，但较平淡直观。间接投光可以使空间显得更具开阔感。暖色日光，使室内具有温暖、亲切的感觉。冷色光使室内空间产生凉爽感和安详感。暗装的光源使室内空间更具统一性和神秘感。侧向的投光能增加物体的立体感。

灯具与光有形有色，用它们来营造室内环境气氛，往往可以产生非常显著的效果。晶莹明亮的水晶灯富丽豪华，整体规范的日光灯简洁大方，木竹造型的艺术灯古朴典雅。总之，在室内环境设计中，光环境设计与灯具的选型有着不可低估的作用，可以使室内环境更加富有性格（图 4-5）。

### 五、保障身心健康

室内光线的质量对人体的健康有着直接的影响。采光方式、采光材料、光线的照度等运用应结合室内空间的实际要求综合考虑，以保障使用者的身心健康，保证室内活动的正

图 4-3　温馨雅致的光环境,给人家的温暖

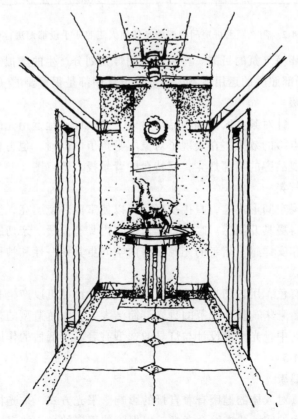

图 4-4　一盏投光灯强调出深远的情怀

图 4-5　光影中展现家居的精致富丽

常进行。许多空间在进行光环境设计中融入了多种手段，以期在不同的时间段能使同一空间的内涵更加丰富，满足人们精神上的各种需要。室内光环境作为建筑装饰不可缺少的一个组成要素，随着房地产业的兴旺，特别是人们对居住环境意识不断的增强，变得愈发重要。人们对灯具在室内环境中的功能、特色、艺术效果和方便性也有了更深刻的认识，人们的认识观已从传统实用的概念向精神需求的概念上转化。

光给建筑空间注入了灵性，光创造了建筑室内空间的生命。它演示着空间的文化内涵，在满足生活实际需求的同时也营造了一种氛围及美感，成为现代装饰环境中一个重要的角色。

## 第二节　室内照明的设计原则和方法

### 一、室内照明的设计原则

高品质的室内照明效果是获得良好、舒适的光环境的根本，只有正确处理好受照环境中的照度、高度、眩光、阴影、显色性等几方面的关系，并且能正确把握照明设计的原则，才能获得理想的光照作用下的室内环境效果。

（一）舒适性

人们在室内活动中获得的理想适宜的光照环境，有益于人们的身心健康（图 4-6）。室内照明设计应从室内空间功能的要求出发，以利于人们的各种活动需要为目的，在灯具的选型、照明的方式、照度的高低、光色的变化上都应符合空间使用的要求，使家具、室内陈设、装饰格调由于光线的照射而显得更加美观、舒适。

图 4-6　灯光环境安谧和详

（二）艺术性

室内照明应有助于表现空间内的色彩、材质、图案、家具、陈设艺术品的形态，可以丰富空间的深度和层次。利用灯光的布置形式、投光范围、角度、阴影的大小、明暗变化，使得室内空间充满艺术魅力的气氛，让无声的空间产生动感，溢放出蕴含丰富艺术情感的语言（图 4-7）。

（三）统一性

在进行照明设计的过程中，应注意遵循整体统一性原则，综合考虑空间的大小、形式、用途和性质，以确定照明的布置方式；考虑光源的种类，灯具形式与数量、照度、照明方式的构成等，营造和谐统一的环境气氛，符合空间的整体要求（图 4-8）。

（四）安全性

室内照明应保证安全性，只有在有安全保障的条件下，人们才能放心地去使用，感受室内空间。因此，电源的定位、线路开关、灯具安装都需要严格按相关操作规范施工，并建立、健全安全保障设施提示。

**二、室内照明设计**

（一）室内照明的质量

良好的照明质量对于人们正常地工作、学习、生活起着重要的作用，而如何处理好在照明标准控制下的有关光照现象，是照明设计的主要问题。在此，将影响照明质量的几个相关因素做一个剖析。

1. 照度

照度是指入射到受光物体表面单位面积上的光通量，是决定被照物体明亮的最重要的指标。用单位 lx（勒克斯）表示。合适的照度，有利于保护视力和提高工作与学习效率。

图 4-7　悬挂的小球灯烘托了宁静和谐的就餐气氛，富于表现力

图 4-8　造型精美独特的宫灯点缀着中国传统风格的厅堂

住宅建筑各功能居室照度标准见表4-1。

住宅建筑各功能居室照度标准　　　　　　表 4-1

| 场所或活动类型 | | 照度标准（lx） | 说　明 |
|---|---|---|---|
| 起居室 | 一般活动 | 20～30～50 | 宜采用辅助照明 |
| | 看电视 | 10～15～20 | |
| 卧　室 | 书写、阅读 | 150～200～300 | 可设局部照明 |
| | 床头阅读 | 75～100～150 | 可设局部照明 |
| 餐　厅 | 一般活动 | 20～30～50 | |
| | 餐桌面 | 50～75～100 | 可设局部照明 |
| 厨　房 | | 20～30～50 | |
| 卫生间 | 一般卫生间 | 10～15～20 | 可设局部照明 |
| | 洗澡、化妆 | 30～50～75 | |
| 门　厅 | | 20～30～50 | 可设局部照明 |

2. 亮度

亮度是指发光表面在给定方向的单位投影面积上的发光强度。单位 cd/m²（坎德拉每平方米）。它表示人的视觉对物体明亮程度的真实感受。对亮度的评价，除了光照在被照物体上呈现的明亮程度外，还与物体的表面特征、背景关系、照射的持续时间以及个人的视觉敏感程度有关。也就是说，亮度的感觉即取决于光源，也离不开环境因素的相互对比。

3. 光色

光色主要取决于光源的色温（K），色温低，感觉温暖；色温高，感觉凉爽。光源的色温应与照度相适应。随着照度的增加，色温也应相应提高。光照的强弱同时也能影响人对色彩的感觉。光线愈亮，物体表现出的色彩愈鲜艳，愈容易被人们感知。

4. 眩光

眩光是指视野内出现过高亮度或过大的亮度对比所造成的视觉不适或视力突然减低等现象。眩光有两种形式：即直接眩光和反射眩光。产生眩光的原因，主要与光源的亮度、背景亮度、光源的高度以及灯光的照射角度有着直接的关系。为了控制眩光破坏人们的正常视觉感受，采用的常见方式如下：（1）限制光源亮度或降低灯具表面亮度；（2）加大灯具的保护角；（3）合理选择灯具的安装高度和位置；（4）适当提高被照射物体周围环境的亮度；（5）减少亮度对比；（6）采用无光泽的材料。

5. 阴影的控制

在视觉环境中，常常由于光源位置不当产生不合适的投光方向，从而形成光照阴影，会使人产生错觉，增加视力障碍，影响工作效率。通常情况下，可以通过改变光源的位置、增加光源的数量等措施来加以消除。

任何事物都有其两面性。阴影除了有上述不利因素外，有时也被巧妙地加以利用，增加室内环境的表现力；增强空间立体感、层次感，营造环境气氛。

（二）室内照明的方式

按照明散光方式，可分为五种（图4-9）：

1. 直接照明方式：灯泡上部有遮掩，灯光直接照到工作面上。此种方式有两种形式：一是广照式（a）；二是深照式（b）。

2. 半直接照明方式（c）：是采用半透明灯罩罩住光源，使光线60%～90%集中于工作面上，其余光线漫射在空间上方，形成与工作面柔和的对比效果。此种方式常用于较低房间的一般照明。

3．漫射照明方式（d）：是利用灯具的折射功能来控制，将光线向四周扩散漫射，直接照亮室内空间。这类照明的光线柔和，视感舒适，最适用于卧室。

4．半间接照明方式（e）：与半直接照明方式相反，把半透明的灯罩装在灯泡下部。

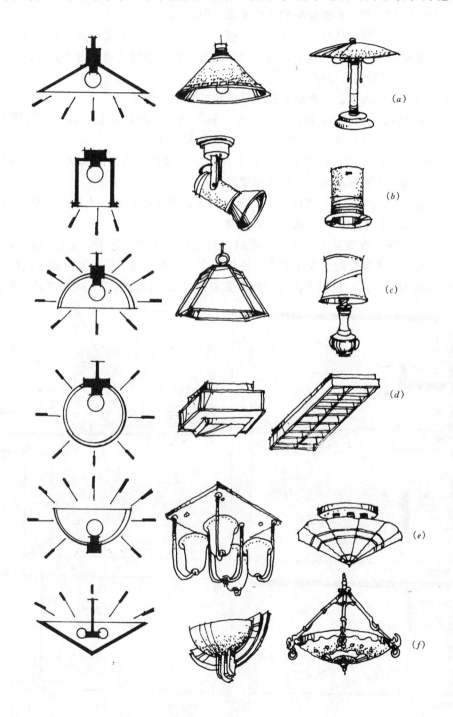

图 4-9　照明散光方式

使60%以上的光线射向顶棚，形成间接光源，少部分光线经灯罩向下扩散。这种照明方式使低矮的房间有增高感，适于住宅小空间部分的采用。

5. 间接照明方式（f）：将光源下部遮挡从而产生间接光的照明方式。通常有两种处理方法：一种是将不透明的灯罩装在灯泡的下部；一种是把灯泡设在灯槽内，光线从暗装处射出投在反射面上，形成反射的间接光线（图4-10）。

公共建筑的顶棚风格更加丰富，有主题式、藻井式、散点式、条纹和几何图形等多种形式。所谓建筑化照明，就是把建筑和照明融为一体，令建筑物室内光彩夺目。

（三）室内照明设计程序

为达到烘托室内气氛，形成最佳视觉效果的目的应做到：

1. 明确照明设施的用途和目的：只有了解了室内空间的用途，通过各种照明方式形成一定效果，才可以提升室内空间的使用价值和审美价值。

2. 确定适当的照度：根据室内活动的性质，活动环境的范围来选定照度标准，确定照度分布，满足不同区域对照度的基本要求。

3. 保证照明质量：充分考虑室内的亮度对比，把握好背景与主体，控制光照的色温、色彩倾向、照射角度和扩散性状况，避免眩光。

4. 选择光源：在选择人造光源照明时，先要确定光源的种类，是选择白炽灯还是荧光灯。其次，应考虑灯泡的发光亮度、使用寿命，所产生的彩度以及灯泡表面的温度。

5. 确定照明方式：根据室内设计的需要来选择采用何种照明方式和灯具的布置形式。

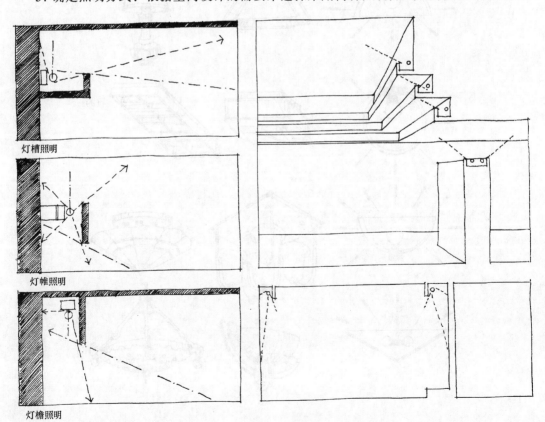

图 4-10 灯槽

6. 选择照明灯具：依据室内设计的要求来选择各种灯具的造型、风格特点、色彩材料、质地和安装部位等。

7. 灯具布置：应符合室内工作面上对照度的要求。合理控制灯具的位置、照度的高低以及投光范围（图 4-11）。

图 4-11　合理控制灯具的位置、照度的高低以及投光范围

8. 便于维护、维修施工：室内空间中的各类灯具安装、线路布置、配电荷载，都应科学、规范、安全、合理，便于使用过程中的变动和维护、维修。

## 第三节　灯具的种类

### 一、灯具的分类

灯具除具有实用功能外，在室内环境中还起到装饰作用，是室内空间不可缺少的重要装饰构件之一。灯具的结构、造型、材质可谓丰富多彩，灯具的实用效果也是多种多样的。依据这样一些因素，我们将灯具从以下几个方面逐一进行分类：

（一）光源种类

1. 白炽灯：光色偏于红、黄，属暖色。它的缺点是发光效率低，寿命短，并产生较多的热量。所以，宜用在营造温暖、安静气氛的场合。

2. 荧光灯：光色分自然光色、白色和温白色三种。优点是耗电量少，寿命较长，发光效率高，不会产生很强的眩光。但光色偏冷、光源较大，易形成呆板空间，缺乏层次和立体感。

（二）安装方式（图 4-12）

1. 吸顶灯：直接固定于顶棚的灯具。

2. 镶嵌灯：固定于顶棚内的灯具，表面不凸出顶棚。

3. 吊灯：灯具导管式连接构件将灯具由顶棚向下垂吊安装。此类灯具大部分都配有灯罩。

4. 壁灯：安装在墙壁上，多数情况下与其他灯具配合使用。

5. 台灯：主要用于工作面上的局部照明。

6. 轨道灯：通过特定的连接，沿轨道可调节灯具的位置或角度，可根据需要改变照

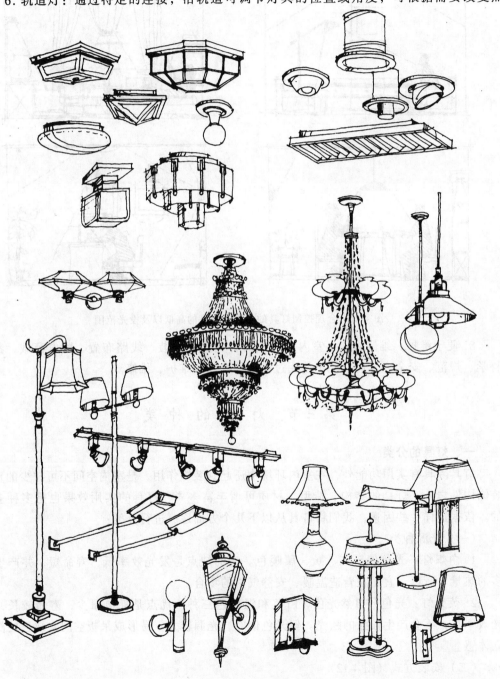

图 4-12 各式灯具

明的状态。

7. 立灯：又叫落地灯。它属于为局部功能需要而设置的补充照明灯具。

（三）按照灯具用途分

1. 普通性照明：以解决室内空间或工作面上足够照度需要的各种灯具。常见的有吸顶灯、吊灯、筒灯等。

2. 装饰性照明：为配合室内空间气氛而设置的灯具，重在灯具的艺术性、风格特色，而不以照明为主要目的。如，宫灯、水晶灯等。

3. 表现气氛照明：利用专业灯具所产生的光影、色彩变化，渲染室内气氛，形成特定的环境，表现不同的氛围。

4. 实用性照明：为提供特定环境要求和使用要求而配置的具有提示性、诱导性、针对性等特殊功能需要的灯具。如，衣柜灯、防雾灯、标志灯等。

**二、灯具的构造**

现代灯具的构造通常可分为灯架和灯罩两部分来设计，有的设计重点放在灯架上，也有的放在灯罩上。然而，不论采用何种材质、方式，它的整体造型必须协调一致。现代灯具的特点在造型上，注重点、线、面的几何体构成，追求简洁、明快、大方、富有时代气息的灯具形态。

灯具是一种可以经常更换的消耗品和装饰品，具有相应的流行性和变换性。

灯具是散射光线的光源体，它的形式、用材、工艺等将直接影响光照的作用效果。灯具的构造主要是指罩在灯泡外面的构件所形成的特殊的装饰性，对于调节光源的照射方向，形成光的艺术感染力，美化室内空间起到重要作用。现将常见的几种灯具的构造方式介绍如下：

1. 豪华水晶灯具：由水晶玻璃经过压制，车磨抛光，达到晶莹透彻、五彩缤纷的效果。镶在灯骨架构件上，表现出富丽堂皇的气氛。

2. 普通玻璃灯具：属普及型灯具，一种是对透明平板玻璃面上进行刻花、喷砂、磨光、压弯或铝化等再加工制成；另一种是将玻璃通过模具制成所需的灯具形状，再进行刻花、喷砂、磨光等艺术加工制成的。

3. 金属灯具：灯具散光孔以外的其他部位全部由金属制成，材料大都采用铜、不锈钢、铝、铁等。经过冲压、拉伸或折角成坯形，再对表面进行打磨、抛光、电镀、镏金、静电喷涂处理。

4. 竹木灯具：运用特制加工、脱水、定型的木料、竹料等精工制作，再配以磨砂玻璃。形成古朴、典雅的情趣。用于茶馆、咖啡吧、风味餐厅或小型的娱乐休闲场所。通过此类灯具的渲染，使环境显得更加亲切宜人。

5. 塑料灯具：主要指聚酯塑料灯具。利用模具倒制和表面艺术加工，仿制成各种材质的灯具。这种灯具既可降低装修成本，也能起到良好的装饰作用。

## 第四节　灯具的合理选用

作为室内空间中的重要构件，灯具在现代室内设计中扮演着重要角色。通过它的光、色、形、质的作用，对空间品味的提升起到重要作用。因此，在进行室内环境设计时，灯具需要设计人员合理选用，方能取得与总体构思相一致的最佳效果。

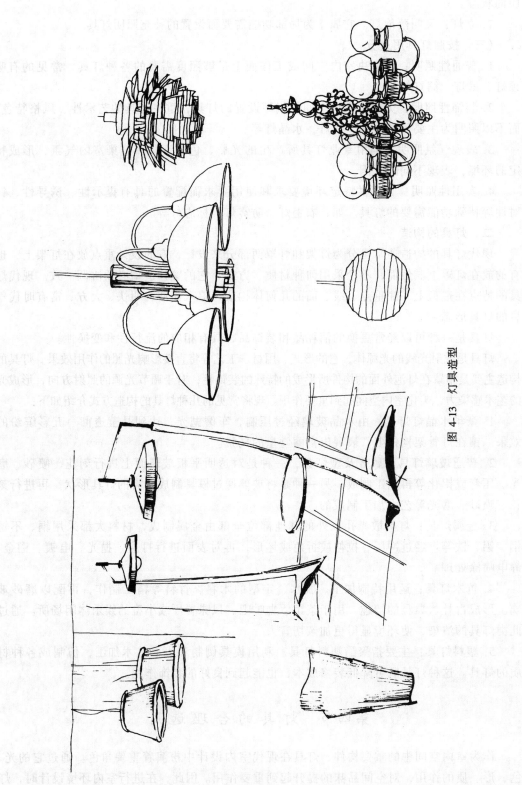

图 4-13 灯具造型

一、灯具在造型上的选用

造型应与室内整体环境的风格相协调。对于功能比较明确、风格特征明显的室内环境，所选用的灯具应个性鲜明、装饰性强，以形成室内视觉趣味中心，为室内环境的气氛增色（图4-13）。

二、灯具在尺度上的选用

灯具的尺度应与环境的尺度相匹配，有助于空间层次的表现。根据空间的大小选用不同的灯具，高大空间可用灯具来弥补空旷感，低矮空间可依赖灯具形成舒展感。空间无法变动，但可以通过正确、合适的灯具选择来形成人们对空间的重新认识（图4-14）。

图4-14　灯具选用应与环境尺度相适应

三、灯具在质地上的选择

根据不同的灯具选材可以形成不同的室内环境。选择合适的材质，能形成与环境相互呼应的装饰效果和令人寻味的空间意境（图4-15）。

在现代室内设计中，人工采光占据了大部分内容。人们居住在封闭感较强的空间，渴望享受自然光照，体验回归自然的感受，这就使人工光环境的设计面对巨大的挑战。如何创造适应人们生存的实际需要和心理要求的室内光环境，成为每一个设计从业人员的愿望与追求。

图 4-15 居室局部光环境

思 考 题 与 习 题

4-1 室内照明有哪些作用？照明设计的基本原则是什么？
4-2 室内照明分哪几种类型？怎样避免产生室内眩光？
4-3 结合课程教学，到建材灯饰市场考察并写出感想。

# 第五章 家具与家具配置

家具的设计、选择和布置方式，对于室内设计的效果起着重要的作用，是室内设计的重要组成部分（图5-1）。

图5-1 整体统一的现代风格家具，传达了家居雅致、温馨的气息

纵观家具史的发展历程，无论是东方还是西方，都出现过许多家具精品（图5-2）。中国传统家具多数是硬木制作的，主要有紫檀、花梨、红木等。硬木质地坚实致密、变化小，可以凿制精确而复杂的榫卯，做成实用而美观的造型。其上雕刻精细的花纹，而且具有光泽，厚重雅静。木纹生动自然、华美多姿。中国明式家具的风格特点是造型敦厚、讲究对称、注重比例、格调高雅，具有庄重、优美的品质，色彩深重、表面光洁（图5-3、图5-4）。

随着以信息化、智能化和知识经济为特征的新世纪的到来，家具已由单纯满足居家生活需要的功能性需求逐渐发展成为更多的与审美、人文紧密联系在一起的室内设计的内容。

图 5-2 中外家具精品

图 5-3 中国传统建筑装饰和经典家具示例

图 5-4 中式书房家具显示独特的风格

# 第一节 家具的类型和尺度

## 一、家具的类型

家具的类型多种多样，大致可以按以下几个方面来分类：

1. 按使用功能，可分为卧室、会客室、书房、餐厅及办公室等家具（图 5-5）。
2. 按使用材料，可分为木、金属、钢木、塑料、竹藤、油漆工艺、玻璃等家具（图 5-6）。
3. 按体型形式，可分为单体及组合等家具。
4. 按结构形式，可分为框架、板式拆装及弯曲木等家具（图 5-7）。

## 二、家具的尺度

在家具的设计和布置中，一刻也离不开尺度这个概念，同时由于接触的家具种类繁多，要想全部在头脑中记忆下也是办不到的，所以设计过程离不开查找有关数据。这些数据是从大量实践中，根据生理、心理的要求调查总结得出的，是适合于人体工程学各种要求的科学数据。

（一）桌椅类

国家标准规定了桌类家具的高度可以有 700mm、720mm、769mm 等规格；椅凳类家具的座面高度可以有 400mm、420mm、440mm 等 3 个规格；还规定了桌椅配套使用时，桌椅高度差应控制在 280～320mm 范围内。这就是说高度 700mm 的桌子不能配高度 440mm 的椅子，高度 760mm 的桌子不能配高度 400mm 和 420mm 的椅子。其实，在日常生活中。正确的桌椅高度应该能使人在正坐时保持两个基本垂直：一是当两脚平放地面时，大腿与小腿能够基本垂直。这时，座面前沿不能对大腿下平面形成压迫，否则，就容易使人产生腿麻的感觉。二是当两臂自然下垂时，上臂基本垂直，这时桌面高度应该刚好与小臂下平面接触。这样就可以使人保持正确的坐姿和书写姿势。

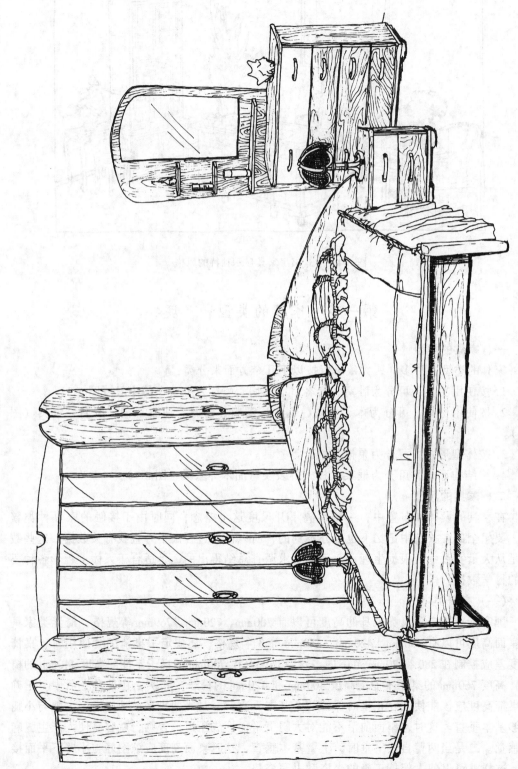

图 5-5 卧室家具主要是睡床、大衣柜和梳妆台

图 5-6 各种材料制作的家具

图 5-7 板式组合家具

国标还规定了写字桌台面下的空间高度不小于 580mm，空间宽度不小于 520mm。这是为了保证人在使用时两腿能有足够的活动空间。

（二）挂衣柜类

国家标准规定：挂衣杆上沿至柜顶板的距离为40～60mm，大了浪费空间，小了则放不进挂衣架。挂衣杆下沿至柜底板的距离，挂长大衣不应小于1350mm。

（三）书柜类

国标规定搁板的层间高度不应小于220mm。小于这个尺寸，就放不进32开本的普通书籍。考虑到摆放杂志、影集等规格较大的物品的需要，搁板间高一般选择在300～350mm。

（四）沙发类

国标规定单人沙发，座前宽度不应小于480mm。一般在510～550mm，小于这个尺寸，人即使能勉强坐进去也会感到受夹制。座深应在440～540mm之间，过深则小腿无法自然下垂，腿肚将受到压迫，而过浅就会感觉坐不住。座面的高度应在360～420mm范围内，过高就像坐在高椅上，使人感觉不舒服。过低则坐下去和站起来都会感到困难（图5-8）。

图5-8　人的坐姿尺度

（五）床具类

床的主要尺寸是长、宽、高。床长我国多取1900～2000mm，双人床宽1350～1500mm，床高与凳、椅高度相似。以褥面为标准，建议用460mm的高度，最多高到500mm。这是因为我们的座椅以400mm为标准，如果坐在床上时，460mm的床褥受压后约400mm高。

床头柜应与床褥面同高。过低则放物不便。

国家标准对家具的功能尺寸还有其他一些规定，但对家具的外形尺寸却很少作限制。这样可以使设计人员在满足功能尺寸的条件下尽情发挥各自的聪明才智，构思设计出造型不同、风格各异的家具，以满足不同层次的消费需求。

## 第二节　家具选择的原则

现代的家具种类繁多，风格各异。如何根据居室条件，使用需求和个人爱好等因素选择好家具，对创造良好的生活空间是至关重要的。家具的选择应着眼于全局，使其与整个环境相协调，这是选择家具的总的原则。一般来讲，在选择家具时必须充分考虑以下几项具体的原则：

**一、家具的数量应由居室条件确定**

在选择家具和确定家具数量时，必须从了解居室的环境入手，把握居室面积的大小、位置和朝向等。若房间的尺寸较大，可考虑随时调整布局、变换家具的位置以添加新意与乐趣。若房间面积较小，应配备线条明快、造型简洁的多功能组合式或折叠式家具，可以相对增加有效使用面积，使空间得以充分利用。如果盲目追求家具的件数和套数，这样过多的家具会使居室空间显得拥挤、零乱。(图5-9)。

图5-9 卧室家具的合理布置，使该空间显得温馨、随意

**二、家具的风格应与居室风格一致**

现代家具造型变化万千，款式不断翻新。家具的不断创新，是现代生活方式发展的明显反映。选择家具时，要注意家具与居室风格的统一，以求整体布局的和谐。如果居室装修为古典式样的，就应选用传统家具；如果居室装饰装修为现代风格的，就应选用造型简洁中性色调的成套家具；如果居室装饰装修为中西合璧式的，可选用成套的西式家具，并配以中式装饰物等。居室家具的样式、格调、色彩较为一致，就易于使整个居室形成统一的风格（图5-10）。

**三、家具的色彩应与居室色彩基调协调**

家具的色彩是构成居室色彩的重要组成部分，对居室装饰装修的效果起到重要的作用。家具的色彩要与墙面、顶棚、地面的色彩相协调，使整个居室的色调统一、和谐。如果居室小、光线不足，可选择清新、淡雅的乳白色、浅黄色等，这样给人的感觉明快宽敞。如果居室大、光线充足，可选择深色调的家具。在居室色调确定之后，家具色彩的选择必须参照居室色调，使两者相匹配。

图 5-10　家具选择从造型到色彩相互协调构成舒畅、宁静的氛围

**四、家具的选择应考虑家具的材质与结构**

目前，一般家庭多以木质家具为主，以其他质地的家具为辅。居室中主要家具，如床、柜等多为木质；其他家具，如桌椅、茶几、书架等，可选用竹编、藤编或金属质地的。竹编、藤编的家具表面粗朴，而木质、金属质地的家具表面细腻，两者形成鲜明的对比。由于选用不同质地的家具，使家具肌理富于变化，可产生协调中有对比，统一中有变化的审美效果（图 5-11）。

就家具结构而言，组合式家具应用范围广，可自由拆装，能节省大量的室内空间。如果用组合式家具作为隔断，通过不同形式，很容易对居室进行分隔，使居室富于变化，不断产生新鲜感。此外，还可选用具有多种功能的家具（图 5-12）。

**五、家具的选择应考虑人体活动的需求**

在家庭活动中，人们从事各项活动都要遵循一定的规律，而人体各部位都有一定的尺寸，对使用家具的方法也有一定的要求。因此，必须按照量体裁衣的原则，根据家庭成员的特点，对家具的尺寸(如，桌椅的高低和沙发的深浅等)进行科学的设计和合理的选择。家具摆设的方向和位置等，也要考虑人体的尺寸，为人们留出足够的活动空间(图 5-13)。

图 5-11 家具材质在对比中产生协调,达到了统一中有变化的审美效果

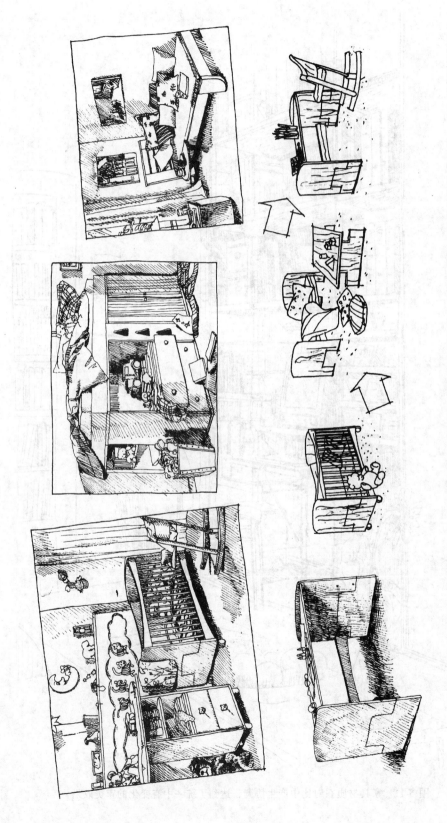

图 5-12 儿童房的家具尺度、形状应满足游戏、学习和睡眠的综合要求,考虑孩子的成长最好能物尽其用,从最初的摇篮到小小的睡床,再到学习的写字台都采用相同配件不同组合

图 5-13 玻璃窗射入的阳光与绿意，为室内增添了几许柔和的色彩

### 六、家具的选择应注重质量检查

选择家具时,一定要重视家具的质量(图 5-14)。

图 5-14 椅子需要结构稳定且便于移动,一般装有转轴结构必要时设扶手

## 第三节 家具的功能与配置

### 一、家具的功能

(一)支撑人体

人的坐卧、躺倚,都要有坐椅、沙发、床等家具的支撑与倚托。

(二)容纳储物

室内的大量物品都要由家具收容、储存和陈列。

(三)分隔室内空间

家具的组合和排列,实际上对居室空间起到了分隔的作用。通过家具的摆设,能够灵活地调节居室空间的功能和格局。

(四)构成室内景观

家具有时成为室内景观的主体,有时成为视觉焦点(图 5-15)。

### 二、家具的摆设方法

家具的摆设是居室布置中最实质的内容,对居室的美观和实用起着直接的影响。家具的摆设必须考虑人们的活动空间与使用空间的协调,并使家具的功能得以充分发挥。

方便、实用是对家具摆设的基本要求。只有这样,才能为人们的室内生活提供基础条件。为此,必须合理掌握家具在居室中所占的比例。以一个房间为例,摆设的家具所占面积之和不应大于房间面积的 1/2。

图 5-15 家具为室内景观的主体

家具的摆设要避开室内主要通道,保证通道的宽度,以利于人们通行和活动。这一点是很重要的。

家具的布置应符合空间构图美的法则,注意有主有次、有集中有分散。一般情况下小空间给人安稳、宁静的感觉,家具不宜过多,宜聚不宜散。空间大时,家具布置宜散不宜聚。有效地利用各种家具,可以隔出大小不同、高低各异的空间;或是似隔非隔、互相渗透,形成有序列感、节奏感、韵律感的一个美妙的整体。

在具体布置时,通常有对称和不对称两种方法(图5-16)。对称式显得规整庄重,具有明显的轴线,主要家具以圆形、方形、矩形和马蹄形布置。不对称式显得自由活泼、富于变化,比较适合现代生活的要求。

**三、不同居室的家具布置**

(一)客厅家具布置

客厅家具主要由沙发、茶几、电视音响柜、陈列组合柜等组成。对客厅不同功能的区域应因地制宜、合理地用家具进行分隔。如,利用低柜、通透隔断等可以进行半间隔空间划分,形成一个既彼此分隔又相互陪衬的和谐的整体。家具的摆设密度要低些,体积也不宜太大、太高,以免形成压抑感。会客区以沙发为使用中心,因而沙发的款式和色彩是最重要的因素,应根据整个室内设计的风格和色调加以合理的选择(图5-17)。

(二)卧室家具布置

图 5-16　家具布置常有对称和不对称两种方式

图 5-17　客厅家具布置

卧室家具主要有床、柜等。床占地面积最大，使用频率最高，布置卧室首先要安排好床位。主卧室以其三面临空为好（图5-18）。儿童房、老人房则需要根据各自的特点进行布置（图5-19、图5-20）。梳妆台是主卧室中不可缺少的家具，它是女性专用家具，因而在造型、色彩的设计上要符合女性的特点。随着我国住房条件的改善和人们审美意识的提高，现在人们更注重卧室的舒适和情调，卧室家具也设计得更新颖。因而，选用更灵活和个性化的卧室家具已成为人们追求的时尚。

（三）书房家具布置

图 5-18 卧室家具布置

现在有条件的家庭都会专门设置一间书房。书房家具主要有写字桌、电脑台、书柜等。在布置家具时应注意人体的活动尺度。书房家具不仅要求高度合适，桌下还应有置腿空间，并保证有足够的贮藏空间和充裕的工作平面。为了保证有足够的自然光照明，写字桌应布置在靠近窗口的位置。

（四）餐厅家具布置

餐厅家具主要由餐桌、餐椅、酒柜等组成。餐桌的选用不宜太大，一般以配 4~6 张坐椅为合适。餐桌的款式繁多，主要有方形、长方形和圆形等，应根据自己的爱好和房屋空间的大小合理地选择（图 5-21、图 5-22）。

家具的摆设是一门艺术。事实说明，家具摆设必须从实际出发，遵循一定的规律，才能创造出舒适、实用的生活空间，并产生良好的美观效果。现代居室中的家具千变万化，各种家具的造型也与日俱新，人们在选择家具时也更追求个性化的风格。另外，居室家具宜少而精，且不宜固定一种模式。

当今社会信息的传播越来越迅速，随着家具使用时间的延长，居住者生理与心理方面还会产生求新求变的要求，对时尚的追求及欣赏品味还会不断地发生变化，人的精神世界的需求是无止境的，因而家居环境将会逐渐成为人们进行自我创作的园地。

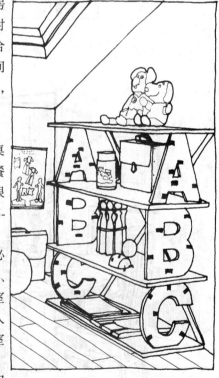

图 5-19 儿童房的家具造型（一）

图 5-20 儿童房的家具造型(二)

图 5-21 餐厅家具布置(一)

图 5-22 餐厅家具布置（二）

## 思 考 题 与 习 题

5-1 家具的主要功能是什么？
5-2 家具分为哪几类？
5-3 在各类居室中如何配置家具？
5-4 走访家具市场，写出调查笔记。

# 第六章 室内陈设艺术

## 第一节 室内陈设的作用与分类

室内陈设作为室内设计的一个重要组成部分,始终贯穿于整个设计过程之中,且起着相当重要的作用。

图 6-1 丰富的空间,加上数件陈设落入其中,更显生动有趣

从室内设计发展的历史中不难发现,早期的室内设计更多地通过室内陈设物品的位置、家具的摆放体现设计者的独到匠心。随着现代设计观念的更新,人们更加注重室内环境的空间性和整体性。然而,室内陈设艺术并未因此而消亡。相反,在整个室内设计过程中它的作用和地位日趋重要。

首先,室内陈设通过各种装饰要素的有机组合,对整个室内风格起到良好的协调作用(图6-1)。从家具样式到艺术品的风格以及织物的纹样、色彩,相互呼应统一,强调了室内空间的用途及性格,为组织空间、创造气氛起到了有效的辅助作用。

其次,室内陈设通常能够较直接地反映出一时一地的人文、地域特征(图6-2),这是室内设计很好的表现手段之一。比如,在我国传统建筑中,常将彩画、壁画、书法、雕刻等各种工艺品和帷幔、竹帘、屏风等装饰要素有机地结合在一起,含蓄、典雅而富有装饰性,具有鲜明的特征,值得我们今天借鉴和发扬。

图 6-2　极富地域特征的陈设品,配以原木质感的顶棚衍生恬适风雅的气息

此外，室内陈设还在某种意义上反映出主人的职业、性格、爱好、修养及艺术鉴赏力等（图 6-3、图 6-4）。因此，室内陈设有时可以作为整个设计构思的切入点，开阔设计者的思路，创造出富有个性的作品。

图 6-3　宽敞的景致，柔和的色调，使人倍感舒畅

室内陈设可以分为两大类：一类是既有一定的实用价值又具有观赏价值和装饰作用的"实用性陈设"，它包括家具、家用电器、织物、灯具、茶具等；另一类是纯粹用于观赏的"观赏性陈设"，它包括字画、艺术壁挂、工艺品、纪念品、盆景、插花等（图 6-5）。

图 6-4 陈设物反映使用者的喜好

图 6-5　家庭中众多的工艺品无疑成为居室主人性格爱好的最好佐证

## 第二节　室内陈设的基本原则

室内陈设是环境艺术的再创造。由于每个人的个人情趣、文化层次、职业身份以及经济条件的不同，所选择的陈设品及表现手法也不尽相同，但总体上应遵循以下基本原则来使居室的环境和氛围更趋优美和完善。

### 一、环境与个性统一

人们根据个人的兴趣、爱好、知识、阅历等情况去营造自己的居室环境，从而实现室内环境设计个性化。比如，喜好收藏者，可以在橱柜家具的分格上精心布置，将其设计成一个小的博物馆；喜好盆栽者，可以用不同的台、架、几、案，构筑起室内的空中花园；喜好读书者，可以用不同的书柜组合配以适当的字画，把房间布置成清新雅致的书斋；音响爱好者，可以用不同造型的金属网架，绑挂起不同色彩变幻的织物吸声体，来形成极富现代情趣的居室（图6-6）。

图 6-6 古朴的陶罐配合透空的隔断,雅致中幽幽古香

## 二、格调与整体环境相协调

居室陈设品并非一定要昂贵,关键是陈设要符合室内风格、色调,与室内整体环境达

到统一。同一空间中应选择同类型或相近类型和风格的陈设，以便相得益彰，同时也应与家具相协调（图6-7）。

图6-7　陈设与家具协调

### 三、主次分明丰富空间层次

以重点摆设的方式布置陈设品，能凝聚空间的焦点，使其成为室内空间的视觉中心。陈设品应有主有次地进行摆设，切忌将过多的陈设品填满整个空间。居室布置适度的留白可以增加空间的想像力，产生多样化的空间效果（图6-8）。

图6-8　陈设品成为视觉中心

### 四、合理构图、均衡空间关系

陈设品在室内所处的位置，应符合整体空间的构图关系，达到均衡与对称、节奏与韵律相协调的构图关系。如，墙面上的壁灯、插座、壁挂、字画、分割线等都不是孤立的点、线、面因素，而应作为整体设计中的一部分综合考虑，使其在均衡中有变化，变化中有均衡（图6-9）。

图 6-9　简洁舒适的陈设，表现大方宜人的风范

### 五、力求最佳的视觉效果

陈设品，特别是装饰性陈列品，更多的时候是供人欣赏的，因此，布置时应注意观赏中的视觉效果。例如，墙上的挂画，应考虑它的悬挂高度，最好略高于视平线，以方便人们欣赏（图6-10）。

图 6-10 陈设品的视觉效果

## 第三节 室内陈设的选择与配置

### 一、织物

随着现代室内设计的发展,织物已渗透到室内设计的各个方面。由于织物在室内的覆盖面积大,因而对室内气氛、格调、意境等起着很大的作用。由于织物本身具有柔软、触感舒适的特殊性,所以又能有效地增加空间的亲和力。通常在公共场合,织物只作为点缀出现。而对于私密空间,则以织物为主,创造温馨的气氛(图 6-11)。织物的种类及应用见下表:

**织物的种类及应用**

| 类 别 | 内容、功能、特点 | 选 用 要 点 |
|---|---|---|
| 地 毯 | 为人们提供一个富有弹性、防潮、防寒、降低噪声的地面,并可创造象征性的空间 | 应与空间性质相协调,在确定其色彩、纹样、质地时应与室内其他陈设综合考虑 |
| 窗 帘 | 按质地可分为粗布料、绒料、薄料及丝扣四类。按款式又可分为平拉式、垂幔式、挽结式、波浪式、半悬式等多种形式。它具有调节光线、温度、声音和视线等作用(图 6-12) | 其色彩、图案、纹理、悬挂方式、开合方式很大程度上影响着空间的格调和气氛,在选用时应综合考虑空间性质、民族地域特点、季节气候等因素 |
| 家具饰面织物 | 常用的有呢、绒、布、丝绸及各种化纤材料,其特点是厚实、有弹性、耐磨、手感好、肌理色彩丰富多样。用于沙发等软家具饰面 | 家具饰面织物的艺术质量要做到两方面:一是其质地及色彩应与室内陈设其他要素相配合;二是家具本身要体现审美要求 |

续表

| 类别 | 内容、功能、特点 | 选用要点 |
|---|---|---|
| 覆盖织物 | 指包括台布、床罩、沙发巾、茶垫在内的陈设覆盖物。它起到防尘、防污、防磨损等保护作用，若处理得当也起点缀作用 | 覆盖织物的形式及风格隶属于室内陈设的总体布局及艺术效果，以陪衬家具为目的，不应过分花哨，喧宾夺主 |
| 靠垫 | 指坐具、卧具（如，沙发、椅、凳、床）上的附设品。可以用来调节人体的坐卧姿势，改善人体与家具的接触状态。其装饰艺术效果相当显著 | 靠垫具有随意摆放和移动的灵活性。因此，它是对室内艺术效果进行调节的有力工具，对色彩和体量起到重要的平衡作用 |
| 壁挂 | 是取材于民间又与现代艺术表现手段相结合的艺术形式。从工艺上分为手工和机织两种；从原料上分为毛、丝、麻、棉等多种（图6-13） | 壁挂由于其材料本身的特点对室内环境起到很好的柔化作用，选用时应注意其肌理特征与环境的关系，同时还要兼顾其色彩、图案的民族文化背景 |
| 其他织物 | 除上述织物外，还有如顶棚织物、壁面织物、织物屏风、织物灯罩、布玩具织物吊篮、信插等多种形式，在室内环境中除实用功能外均有很好的装饰效果 | 其装饰手法与室内整体艺术风格应相协调，各种织物的材质及工艺手段的选择必须整体考虑，搭配得当（图6-14） |

## 二、艺术品

利用艺术品装饰室内环境由来已久，由于艺术品本身的审美特性决定了它在室内环境设计中为人们所喜闻乐见。从古代印第安的图腾巨柱，到玲珑剔透的内画鼻烟壶，从价值连城的古典绘画精品，到地摊的民间艺术品，无论大小，不分贵贱，均可在室内环境设计中找到一席之地（图6-15）。

艺术品内容丰富，门类繁多。根据其表现形式的不同可分为平面和立体两大类。平面类艺术品包括中国书画、西洋画、民间绘画、摄影作品等各个分支。立体艺术品涉及的范围较广，它包括雕塑、器皿、盆景等，或古典，或现代，或稳重大方，或热情洋溢。

由于艺术品所特有的文化内涵，决定了选用时必须注意其题材与整体环境的内在联系。具体工作中应以空间的性质用途为依据，以民族地域特征为参考，挑选布置艺术陈列品，以获得统一的格调，展现空间的艺术品位。此外，艺术品自身的唯美特性，又要求我们在选用时充分考虑空间的比例和尺度，使艺术品与空间环境、尺度相适宜。再者，陈列布置艺术品时还应适当运用变化统一的规律（图6-16）；品种过杂，难免失去秩序感；过分统一，又会显得呆板而失去生气。最后，还要留意艺术品的视觉观赏条件，包括观赏位置及视野范围。

## 三、日用品

日用品的主要功能是实用，包括各类器具、灯具、家用电器、音乐器材、健身器材等。现在市场上的各类日用品品种不断推陈出新，造型越来越新颖、工艺精美、色彩明快，富有现代感。由于日用品在家居中使用频率较高，设计时也突出了"家"的感觉，这些日趋美化的日用品也给家居环境增添了光彩（图6-17）。普通家庭日用品主要有以下几类：

（一）家用电器

随着人民生活水平的不断提高，电视机、电冰箱、音响设备、洗衣机以及空调等家电日益普及，它们成为室内的重要陈设。这些家电在色彩和造型的选择上应尽可能与居室环境相协调，在布置时要做到使用方便、相对稳定。同时，由于它们都能产生电磁场，因而电视机一般不应与电冰箱等电器摆放在一起，以免影响收视效果。电冰箱在冷冻时会散发

图 6-11 织物营造温馨气氛

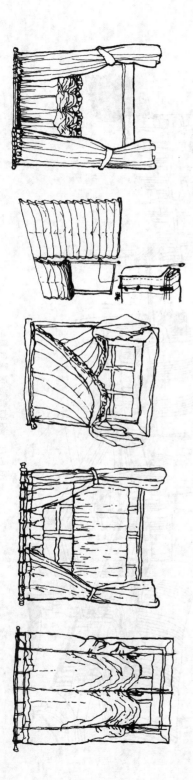
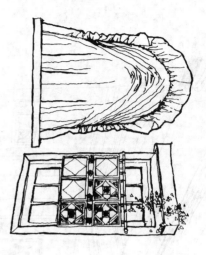

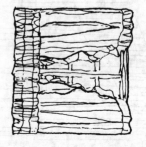

图 6-12 窗帘

图 6-13 壁挂

出一定的热量,不能贴墙摆放。洗衣机要便于进水和排水,一般应放置在靠近上下水管的地方。这些大件家用电器的摆设位置应与室内其他家具和陈设相配合,达到统一与和谐,共同装饰出居室美好的空间。

(二)器具

现代室内器具的品种较多,主要有陶瓷器具、玻璃器具、金属器具等,例如餐具、酒具、茶具、花瓶等。它们都具有简洁流畅、色泽光艳的特点,因而也都富有艺术感染力。日用器具的选择一般应以造型简练、有现代风格、款式成套为主,这样易于体现陈设的节奏与统一。日用器具是家庭装饰的一种补充手段,摆放时不可随处堆放,以免造成杂乱无章的感觉。一般应摆放在餐厅、客厅的陈列柜架之中作为点缀,而且要注意取舍和使用方

图 6-14 壁面织物

图 6-15 艺术品与家具和谐统一

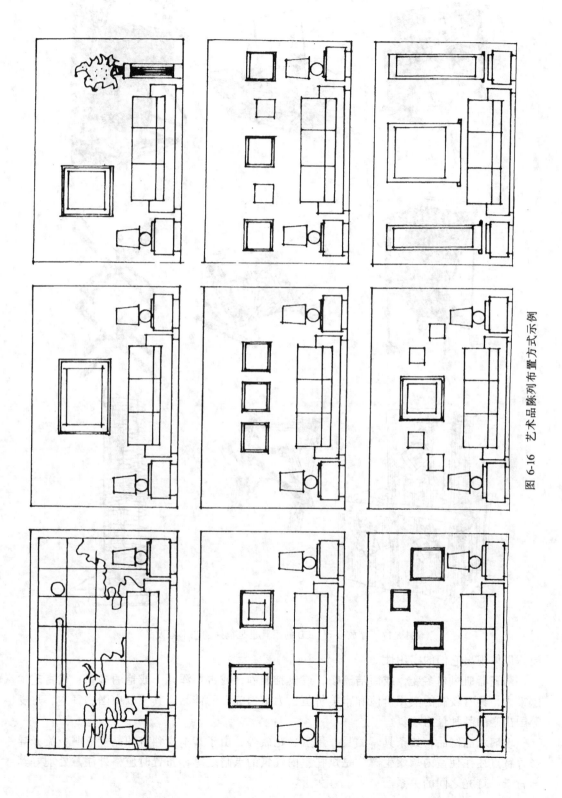

图 6-16 艺术品陈列布置方式示例

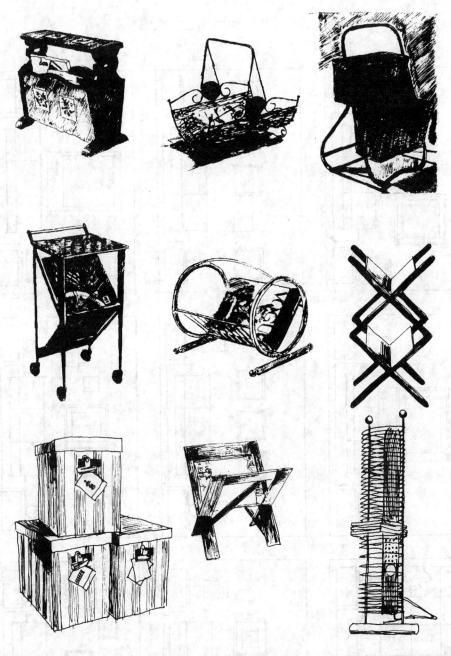

图 6-17 存放报刊、CD 的用具也是很好的艺术陈设品

便,以体现出它们的实用性。

陶瓷器皿风格多变,或简洁流畅,或典雅娴静,或古朴浑厚,或艳丽多姿,极富艺术感染力,具有较高的实用价值和审美价值,为室内陈设的佳品。其中以中国、日本、丹麦等国出产的品种最为珍贵。

玻璃水晶制品,如茶具、酒具、果盘、花瓶等,由于其本身独有的晶莹透明、流光异彩等特点往往使室内熠熠生辉,是烘托室内气氛的点睛之笔,布置时应格外注意处理好其与背景、灯光之间的关系。

## （三）文化用品

中国传统文化历来注重诗书礼仪，书籍、文房四宝及古典乐器等也当然成为传统的室内陈设品，以体现主人的文化修养。

在宗教发达的国家和地区，许多祭祀用品也演变成为室内陈设用品，但其实用功能日益为装饰功能所替代，成为介于两者之间的工艺品。

### 思 考 题 与 习 题

6-1 什么叫"室内陈设"？它有哪些类型？

6-2 室内陈设的基本原则是什么？

6-3 布艺饰品有何特点？有多少类型？

6-4 参观室内陈设品市场，并写出参观笔记。

# 第七章 室内绿化设计

室内绿化是指把自然界中的植物、山石等景物移入室内而形成的自然景观。室内植物以其自然生长的姿态,鲜艳醒目的色彩,大大增强了室内环境的表现力,给家居带来了浓厚的生活气息。

绿化比人工装饰更具活力与生机(图 7-1)。21 世纪的家居室内设计中人们将会越来越减少繁琐过度的装修,而重视生态绿化质量的提高。

图 7-1 住宅庭院绿化

## 第一节 室内绿化的作用

**一、美化室内环境**

植物色彩丰富、形态优美,作为室内装饰,它比许多价格昂贵的艺术品更具魅力。也使得冷硬的混凝土、砖墙、铝合金门窗等构建的室内空间变得温馨自然。其美化功能主要表现在以下三个方面:

(一)衬托作用

室内植物的自然美与室内装饰、家具、设备等所显示出的人工美形成强烈对比,并能使它们得到充分的体现。

（二）柔化作用

植物的自然曲线有助于打破室内装潢线条的呆板和生硬，通过植物的柔化作用补充色彩、美化空间，使室内空间显得生机勃勃。

（三）组织空间作用

室内绿化还可以分隔空间、沟通空间、填充空间或成为虚拟空间的中心，起到组织空间的作用。若用绿色植物分隔空间，可使相互有关连的空间在独立中见统一，形成似隔非隔、相互融合的效果（图7-2）。

图 7-2　绿化组织空间

## 二、调节室内小气候

绿化植物在进行光合作用时，会蒸发或吸收一部分水分，这就使它们在一定程度上具有调湿功能。在干燥季节里它们可以增加室内湿度，而在多雨潮湿的季节里又可以降低室内空气中水分的含量。

植物的茂密枝叶可以遮挡部分阳光，也起到了遮阳和调节室内温度的作用。

同时，繁茂的植物枝叶，对声波的反射和漫射也有一定的影响，有利于降低室内噪声，保持良好的室内环境。

### 三、有益人体健康

绿色植物在进行光合作用时,需要不断地吸入二氧化碳,同时放出大量的氧气。因此,植物会给室内环境带来新鲜空气,有利于人体的健康。

现代建筑内部,冬天常关起门来取暖,夏天则大多使用空调,结果导致空气中正离子浓度偏高,污浊的空气和室内产生的污染物质无法排除干净,使人感到头晕胸闷,室内绿化可以有助于正负离子平衡,净化室内空气使人感觉舒适。

有些植物如绿萝、绿宝石、竹芋等具有茂盛的枝叶,并对有害气体具有抗性,可以起到吸收有毒气体,过滤空气和吸附尘埃的作用。

### 四、增强文化品味

室内绿化可以反映出主人的性格和品味,我国自古以来就有借植物之意来表现自己性格的良好习惯(图7-3)。

图 7-3

例如：　松——象征坚贞、万古长青的气概；
　　　　竹——象征虚心有节,清高雅洁的风尚；
　　　　梅——象征不畏严寒,纯洁坚贞的品质；
　　　　兰——象征清新雅致,脱俗不凡的情操；
　　　　菊——象征不畏风霜,活泼多姿的活力；
　　　　荷花——象征廉洁朴素,出污泥而不染的品行；
　　　　玫瑰——象征爱情与青春；
　　　　牡丹——象征高贵、富丽。

## 第二节 常见绿化植物种类

### 一、观叶植物

观叶植物是以植物的叶作为主要观赏特征,其他特征如花、果等则次之。它包括以下几类:

(一)草本观叶植物

草质,枝叶较软,一般中小型室内观叶植物均属此类。主要有:蕨类、花叶万年青、竹芋类、绿萝、鸭跖草类、吊兰、天门冬和文竹类等。

(二)木本观叶植物

木质,枝叶较硬,体型较高大,属大中型室内观叶植物。常见种类有:榕树类、朱蕉类、龙血树类和喜林芋类等(图7-4)。

图7-4 绿意点缀居室,增添几许自然活力

### 二、观花植物

主要观赏特征为:

(一)花的大小

单花直径多在100mm左右,如百合;多花组成的花序较大,如八仙花,可达300mm。

（二）花色

花色是植物花最显著的特征，特别是许多栽培变种和杂交种的花卉，能出现更丰富的色彩。如秋海棠品种具有红、白等色彩。菊花色彩则更加丰富。

（三）花形

散生、球形（八仙花），塔形（风信子、水塔花）及各种异形（鹤望兰、红掌）等（图7-5）。

图7-5 观花植物烘托室内气氛

### 三、花叶共赏植物

指同一种植物的花和叶都具有一定的观赏价值，开花时以花为主，无花时又可观叶。代表种类有：仙鹤芋、水仙、仙客来、君子兰、马蹄莲、红掌和凤梨类等。

### 四、观果植物

果实是秋天的象征，具有重要的观赏特性，故在居室绿化中成为特殊的一类。常见的有：大型果，如石榴、金橘和艳凤梨等；小型果，如冬珊瑚、万年青、南天竺和观赏辣椒等。选择时应首先考虑花果并茂的如石榴或果叶并茂的如艳凤梨等，其次才考虑单观果的种类。

### 五、多肉植物

因适应干旱环境而使茎、叶或根特化后具有发达贮水组织的一类植物。外形奇特，极具观赏性。

常见种类及代表植物有：

（一）仙人掌类植物

一般叶成刺状，茎成叶状，如仙人球、昙花、令箭荷花和山影拳等。

（二）多肉类植物

泛指仙人掌以外的肉质植物，叶子多为肉质。包括：百合科、景天科、龙舌兰科等。常见的有：绿串珠、五树、宝绿、芦荟和金边龙舌兰等。

### 六、芳香植物

指能够散发芳香的，以闻香为目的的一类观赏植物。代表植物有：茉莉花、米兰、桂花、兰花、晚香玉、腊梅、夜来香和木香等。

### 七、藤蔓植物

大多为室内垂直绿化植物，包括藤本类和蔓生类。

（一）藤本类

1. 攀援型：植物的茎节上有气生根或卷须、吸盘等结构，使之附于其他物体向上生长，如常春藤、绿萝和龟背竹等。在室内装饰中，常用柱架、棚等使植物附生其上，形成特殊的观赏形态。

2. 缠绕型：特点是茎无附着结构，全靠软茎缠绕到其他物体上生长。常见的种类有：文竹、金鱼花和龙吐珠等。

（二）蔓生类

指有匍匐茎的植物，如吊兰、天门冬等。其特点是植株不高，形态多为平卧或下垂。这类植物最适于作吊盆栽植。

## 第三节 室内绿化配置的原则

### 一、突出中心，和谐统一

室内绿化应根据室内其他陈设物的数量，色彩等不同情况，进行全面考虑，做到布局合理。在多方位、多层次空间的绿化装饰中，应将各单一的空间统一在整体布局之中，以避免出现同类植物或等量的重复，使人感到有节奏、有韵律，形成一个富于变化的自然景观。

室内绿化在室内设计中可作为主景也可作为衬景，但一般情况下室内绿化多作为衬景出现。因此，要尽量利用室内周边、死角处来衬托其他物品，或与其他物品共同形成视觉中心。如果室内空间狭小，绿化物则宜占天不占地，多用悬挂式，在顶棚、墙壁或橱顶等处放置悬垂植物。一般地说，室内绿化不宜设置在居室正中，这样会缩小室内活动范围并遮挡视线。

室内绿化的植物品种宜简不宜繁，植物配置以相对集中为好，外形宜简洁统一。此外，在整体上必须注意与墙面、地面、家具色彩及空间、尺度相协调（图7-6）。

图 7-6  绿化配置与墙面、地面、家具相协调

## 二、比例适度，主次分明

主景是装饰布置的核心，必须突出而且要有艺术魅力，给人留下难忘的印象。因此，在造型上通常是利用珍稀植物，或形态奇特、姿色优美、色彩绚丽的典型植物作为主景，以加强主景的中心效果。配景是从属部分，有别于主景，但又必须与主景取得协调，这样才能主次分明，使中心突出。此外，在选择室内绿化植物的高度时应根据居室面积的大小而定，并注意空间和配置物的比例协调。如果在一个大的空间，放置的是一小盆花，这样就不会引人注目，即使很优美，也难以达到应有的效果。相反，在一个小空间放置一大盆花，则会使一个优雅的空间变得矮小拥挤。室内植物的高度最好不要超过空间的 2/3，这样放置除了留给植物以生长空间及光照条件外，更重要的是避免了视觉上的局促与压抑（图7-7）。

图 7-7 户外的阳光与餐桌上的绿意,自然重现

## 第四节 室内绿化布局的形式和方法

**一、室内绿化布局形式**

绿化的布局因室内空间的大小，个人兴趣爱好等因素而各具特色（图7-8）。一般可先决定摆放植物的位置，再选择合适的植物的种类，并根据以下常用布局形式进行摆放：

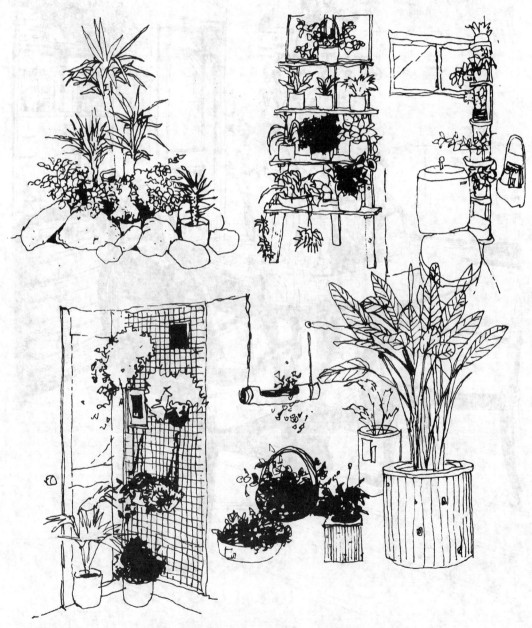

图7-8 各种绿色植物的布置方法，因空间、位置、
个人兴趣爱好而各得其所、各具特色

1. 点式布局：它是一种最简单也用得最多的形式。在桌面、窗台、茶几、橱顶等处均可布置。如果空间大，还可运用独立或成组的乔木或灌木形成室内景观中心，成为室内环境的主导。

2. 散点布局：在室内一处或数处零星放置数盆植物。

3. 线式布局：在窗台、阳台、楼梯、扶手、栏杆或厅室的花槽内成行排列布置。呈直线形、回纹形、S形等多种形式，借以划定范围，组织室内空间。

4. 面式布局：在室内一角或中央成片布置数盆植物，形成室内花坛或低矮美丽的花台。一般多用于大客厅或面积较大的阳台。

5. 屏风式布局：以多层花架式直立型植物为主，垂直配置成绿色屏风。常用于分隔空间或障景。

6. 悬挂式布局：在墙面、立柱、台口或顶棚上悬挂吊兰、蕨类或藤本植物。当阳光直射时，富有情趣。

## 二、不同居室的绿化布置

客厅、餐厅、卧室、卫生和阳台的绿化布置实例（图7-9～图7-13）。

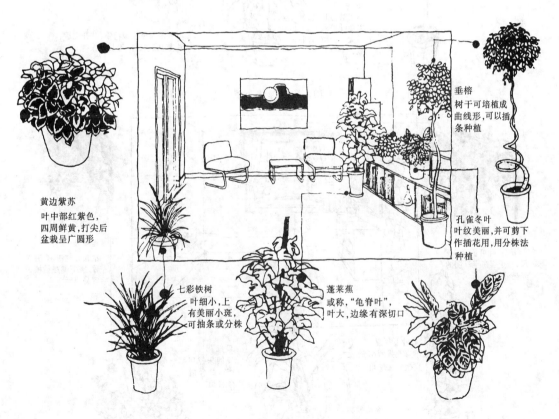

图7-9 客厅绿化布置实例

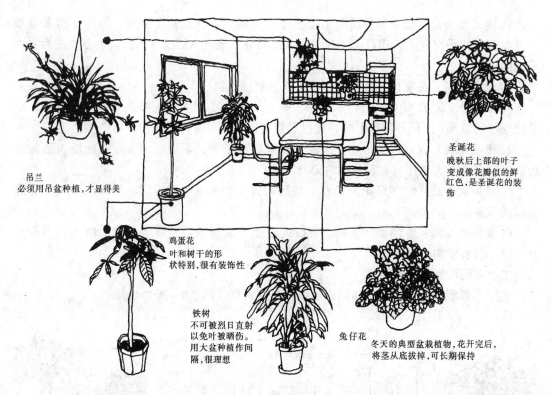

图 7-10 餐厅绿化布置实例

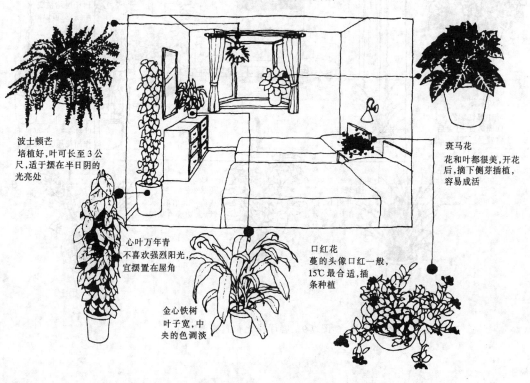

图 7-11 卧室绿化布置实例

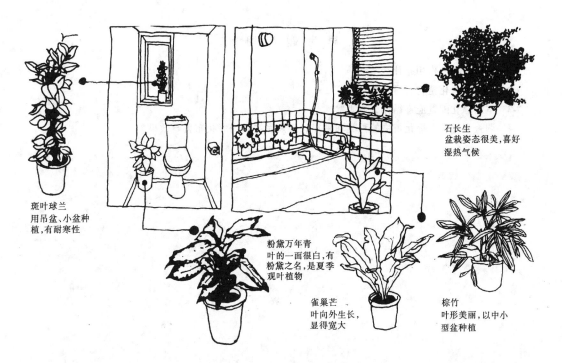

图 7-12 卫生间绿化布置实例

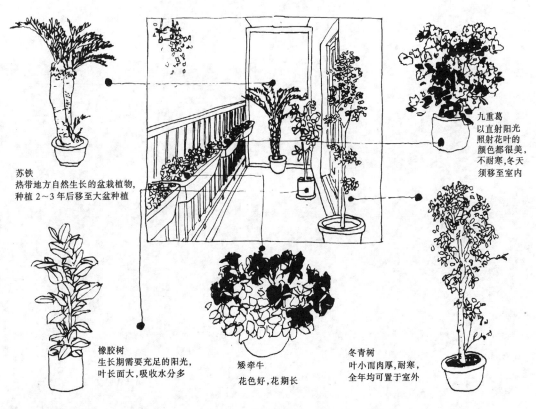

图 7-13 阳台绿化布置实例

105

## 思 考 题 与 习 题

7-1 室内绿化的作用是什么?
7-2 常见的绿化植物有哪些?
7-3 室内绿化配置应遵循什么原则?
7-4 调查当地常见绿化植物的种类和特点,参观民居室内绿化布置与效果。

# 第八章 住宅建筑装饰设计

家，每一个人都不能回避，终身依托而不断融入情感的地方。特别是血液中流淌着东方文化基因的中华民族，对家的理解、对家的重视、对家的情感，更有着自己的思考。如何营造一个属于居住者自己的家，让家的内涵更丰富、更趋于个性的表达，并适应现代生活的需要，是建筑装饰设计人员永恒的课题。

随着现代文明进程的加快，现代生活秩序的构筑，居室设计的理念也在转化。过去人们在居住问题上主要解决"有"与"无"的问题，根本无法顾及住宅模式上的诸多局限。而今，由于住宅商品化概念的推出，人们生活水平的不断提高，对住宅概念的进一步认识和转变，加上各种不同层次、文化背景、经济状况等具体情况，人们在住宅建筑功能的需求上呈现多元化的趋势。设计上除突出个性、讲究合理实用外，还要求在住宅空间中做到整体与局部的一致、光和影的和谐、情与景的交融。

## 第一节 住宅建筑装饰概述

### 一、居室设计要适应现代生活秩序

住宅室内装饰在观念上与其理解为建筑设计的继续、深化和发展或者讲建筑的二次装修，倒不如说是进行一种周密的现代生活设计。

相对于外部空间而言，室内空间与人的生活和各种行为的关系更加紧密和直接。由于科学技术与工业生产方式的飞速发展，现代生活方式也发生了重大的改变。家电设备、陈设、家具等的发展，极大地改变了室内设计单纯美化和装饰的概念。使其扩展为综合运用技术手段、艺术手段，创造生活行为和室内环境之间的和谐关系，最大程度地符合生活的需求，营造心情愉悦的现代生活空间环境（图8-1）。

人们在居住环境中生活，起居、睡眠、休息、娱乐、会客、洗涤等众多行为都有一定的秩序和相对和谐的关系。室内装饰设计要为现代生活创造良好的环境，必须以提供合理的室内空间为前提。

大起居室、小卧室的空间布局已成为现代住宅的发展趋势。一般起居空间宜安排在户内流线的前部，以适应公众性的需求。而卧室空间宜设置在户内流线的端部，以保证一定程度的私密性。又如，餐厅与厨房之间的距离应尽可能短，无论在视线上或行为上都保持方便的联系，二者之间的界面可以通过组合家具或半隔断来处理，这种"制作—备餐—就餐—餐后整理"的合理空间布局，加强了生活的条理性，而从住宅入口到厨房的流线不应干扰其他主要生活秩序。就厨房内部而言，则按操作程序，安置设备和家具，做到精心布置、井然有序。

总而言之，住宅不应是简单地容纳生活，而应以适应生活程序为准则，确切安排生活，提高现代生活质量。

图 8-1　创造生活行为和室内环境的和谐，营造心情愉悦的现代生活空间环境

**二、居室设计应注重人的心理需求**

现代生活的节奏快捷，高层建筑的层出不穷、高科技进入千家万户，构成了现代都市的文明形象，但同时也在浮生着城市文明病原体。人与人之间情感的淡化，精神受到来自外界环境的压抑所形成的心理障碍，使人们怀念过去的文明，试图在各自有限的空间内再现那样一种文明（图 8-2），营造一片写满情感的绿洲，打造属于各自心理要求的精神世界。因此，在居室设计中，把握居住者心理的要求就显得尤其重要。

室内设计师笔下所产生的蓝图，不能是简单的装饰施工图纸概念，而应是一种思想的体现，它表达了设计者与居住者之间认识上的融合。将设计的语言通过色彩、材质、光照、图案、空间的组合、艺术品的陈设、使用的科学合理性等要素表达出来。赋予无声的环境于生命的内涵，使居住者在居室的活动中得到精神上的需求，心理上的快感。

人的心理要求具有相对的稳定性和可变性。由于人的信仰、文化层次、职业特征、民族、生存环境的因素，在审美情趣影响下的心理要求，趋于相对的稳定。而随着年龄的增长、阅历的丰富以及环境的变动的、经济状况的改变，建立在原有心理感应下的审美情趣也会随之发生变化。人在社会环境制约下，常对于居室提出以下几方面的要求：一是居室生活中，功能使用方便、舒适的心理满足要求。二是繁忙工作后，回归家中，享受自我、无所顾虑的心理放松要求。三是迎宾待客中得到宾客赞美、肯定的心理要求。从研究居住者的心理需求出发，全盘掌握设计的第一手资料，方能设计出满足物质要求的同时，又能更好地满足心理要求的作品（图 8-3）。

**三、居室设计应突出个性特征**

住宅装饰的个性，首先是民族文化和地域性的巨大差异；其次要集中地体现家庭成员

图 8-2　整齐而富秩序的空洞表现，在原木的质感烘托下，衍生无限雅致与温馨

特定的物质和精神需求。这里既有家庭成员的职业、性格、生活习惯、文化修养、审美情趣等等，又包括家庭的经济状况、居住条件、对居室功能的要求等。个性要求是多样的，因此，就决定了住宅装饰的丰富性。

（一）民族特点

不同的民族，存在政治、经济、科学技术、哲学、宗教、生产方式、思维方式、风俗习惯、社会心理等诸多方面的差异。这些差异，必然地反映在家庭居室装饰装修的不同价值观念和不同需求上，从而形成不同的民族特点和风格。比如，中国和美国在家庭生活中，后者更注重每个成员之间的平等和独立性，因此在居室布局上，强调个体的隐私和独特性；而在中国，家庭生活中讲究"长幼有序"和统一祥和，在居室布局上，更加侧重整体协调的意境。中华民族的传统文化形态推崇"含蓄"美和写意式的浪漫主义，而西方民族的传统文化则崇尚直观具象和自然主义。同属东方民族的中国和日本，在文化渊源上曾有过密切的联系，但在装饰风格上，仍有显而易见的差异：相对于中国的色彩华丽、浓艳而庄重，日本则更偏重于清秀和淡雅（图 8-4）。

（二）地域特点

地域特点是除了国度不同外，由于地理位置所带来的气候条件、自然环境上的差异使各地住宅装饰呈现显著的特点。

（三）职业特点

职业的差异，造成人们对居室审美的不同要求。文化人讲究氛围，或者讲究艺术情调，追求典雅的生活氛围；体力劳动者需要温馨和轻松，偏爱色彩丰富或富有现代城市风

图 8-3 色彩鲜明、气氛热烈的环境布置符合儿童心理

格。

(四) 性格特点

人的性格不同导致了对室内装饰不同的喜好,居室设计也因此变得产生了多姿多彩。热情开朗的人情绪易波动,建议营造条理性较强的环境;多愁善感的人喜好安静的氛围,

图 8-4 中国风格的书房

设计师在满足其个性要求的同时可提高装饰的内涵。

（五）爱好特点

有的人爱好音乐，有的人爱好读书。根据不同的爱好，设计者可以在室内色彩和陈设等方面做些增删。这些特点，在客厅、书房，甚至在餐桌上都能得到很好的体现（图8-5）。

（六）年龄特点

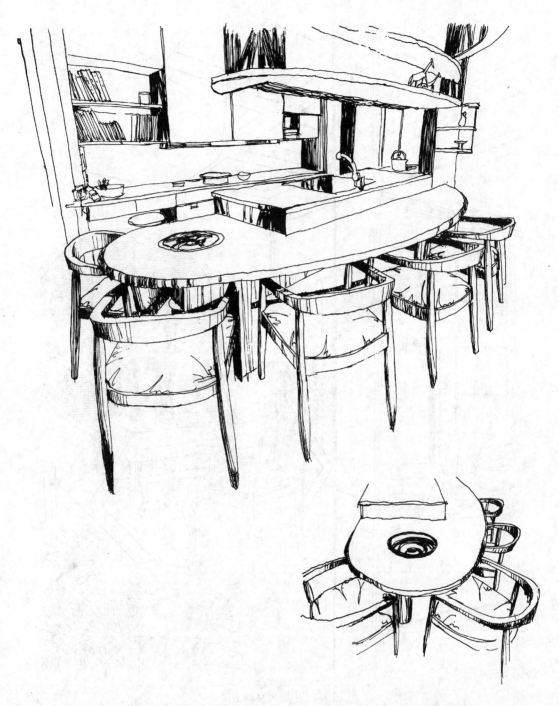

图 8-5 在厨房餐厅一体设计中,加个火锅专用炉使生活的特殊嗜好得以满足

　　随着年龄的增长,人们的心理经历了从幻想到浪漫,到逐渐成熟的过程。对住宅装饰的要求也由浪漫逐渐趋向于实用。例如,儿童居室色彩鲜明、气氛热烈;少女房活泼浪漫,色彩温馨,装饰较多;青年居室则清新典雅,布局合理,功能齐全;成人居室则富于个性,华丽高贵,功能完善;老人居室基调多为古朴庄重,陈设简练实用,富于质感。

## 第二节　住宅建筑装饰设计原则

人生的绝大部分时间都在与各类不同的室内环境打交道，而与居住空间发生关系的时间，所占的比例则更大。住宅的空间内容随着人们日益增加的生活要求变得愈加丰富，住宅的空间构成实质是家庭活动性质的构成。它起着调剂身心、陶冶性情沟通情感的作用代表了一种和谐、美满的家庭关系（图 8-6）。

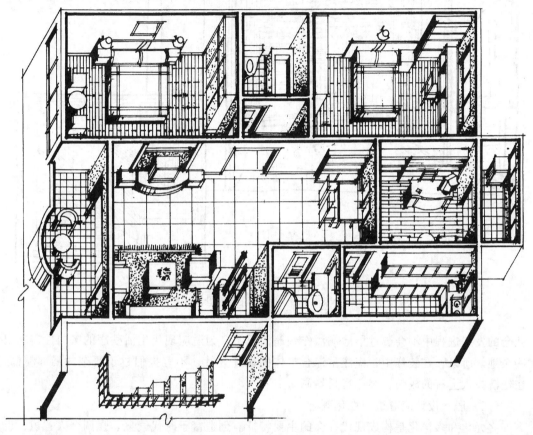

图 8-6　某住宅装饰设计轴测图

### 一、设计与生活

（一）居室设计应注重实用功能

在居室中，各功能的科学、合理、实用、方便是设计的前提；能否在空间功能布置、设施使用合理上，满足人的要求是设计的关键。空间功能的细化与完善、智能手段的家庭化、新型产品的发展和生活观念的升华，是构成现代生活秩序的基础（图 8-7）。

社会行业的从业模式改变，也向居室设计提出了新的要求。家庭也同样随着社会变革的大趋势在潜移默化地发生着变化。

（二）居室设计应结合经济和前瞻意识

居室设计，既要能创造在一定时期内相对稳定的格调和良好的使用效果，也要为能在

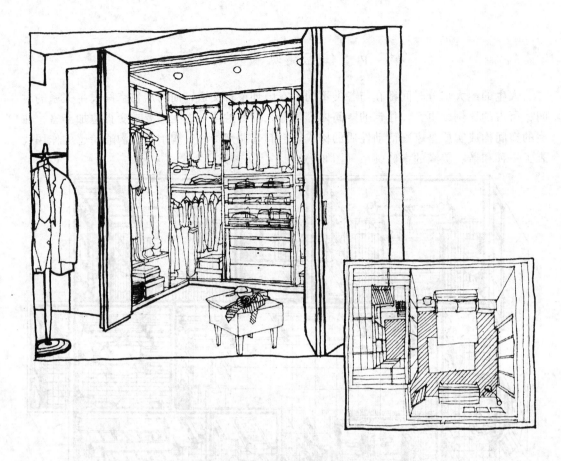

图 8-7　现代家庭越来越多的卧室附设专用的衣帽间

社会的发展进程中不会被过早地淘汰作些超前思考,为适应现代生活秩序的多向性需求留些余地。所以,在装修中,应注重综合整体的设计方针,不宜提倡过于繁杂的局部粉饰,在经济投入上有的放矢,避免盲目攀高。

(三) 居室设计应尊重个性化理念

多元化和多样化是构成现代社会的主要特征。创造富于时代气息、强调个人意识,也是室内设计的立足点。注意体现个人的品位、修养、意志与理念,设计师与居住者之间的思想、认识力求协调一致,设计出适应人们生活的良好的居住环境。

(四) 居室设计应追求美的形式

居室设计的创意要有特点和新意。既要把握民族传统文化,更要符合现代文明,要求设计人员在兼顾实用、舒适的前提下,依据居住者的审美倾向、文化层次、家庭结构、职业特点,创造出现代生活环境 (图 8-8)。

居室设计要以开放的审美角度来接受、消化现代实用艺术的趋向。由于居室装饰艺术具有一定的延续性,所以,要求设计人员在设计中具有超前的意识。

居室环境与人"肌肤相触、举止相接"。人是空间的主角,以人为主、物为人用是家居设计的指导思想,既要设法充分发挥物质的功能,还要将居室装修上升为生活方式的设计,满足居住者的各种需要。如何完美地体现这一意愿,是值得室内设计师不断创新和探

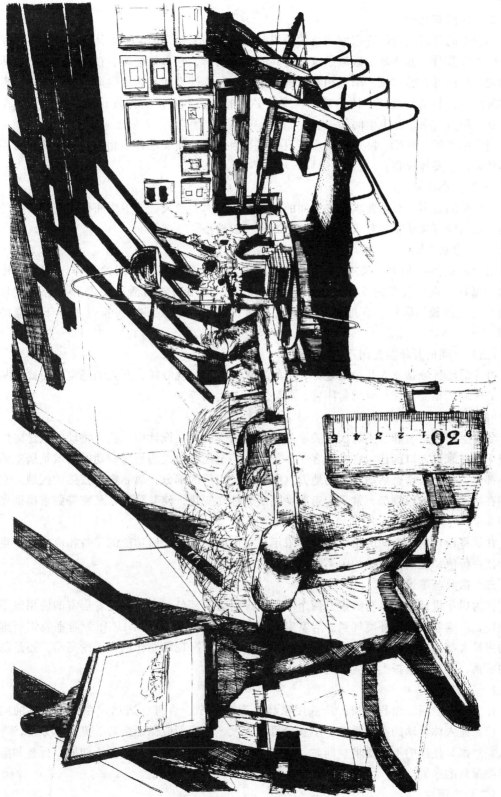

图 8-8 简洁实用又不失艺术气息，赋予宾客自在的心理感受

索的。

## 二、空间与功能

居住空间环境是围绕着家庭成员的构成及生活需要来确定的，分群体活动空间、私密性空间两大部分。群体活动区域是家庭公共的活动场所，它包括会客、视听、用餐、娱乐等功能，是沟通人际情感、增进相互理解的场所。私密性空间是为家庭成员进行个体活动提供的空间，是满足成员个体的需求、维护必要的自由和尊严、抒发自我情感行为的空间。如，卧室、书房、卫生间等等。

居室中客厅、餐厅、卧室、厨房、卫生间等因使用功能要求各不相同导致空间具有不同的特征，主要体现在：

（一）大小不同

客厅需满足多种活动要求，在空间的划分上占的面积较大。而卫生间仅需安排必要的洁具设施，即可满足基本要求，因而空间面积一般较小。

（二）形状不同

有合适的形状和大小尺度，才能满足使用空间的要求。在空间的安排上需考虑所陈列的家具、电器设备的位置与房间形状的关系、使用功能的活动要求等，来合理地利用空间。狭长的卧室、客厅在使用上欠灵活，而作为厨房即使狭长也无损于功能的合理。

（三）空间的开敞与封闭不同

群体活动区域是友人共聚的地方，空间要求开敞，呈现舒展、开阔的感觉；而要求私密性的区域，则要保证一定的封闭感，如卧室、卫生间等。

（四）动静分区不同

居住空间在动与静、主与次的关系上是相当明确的。在设计中，往往将动的概念的区域置于住宅靠近入口部位。它常指客厅、餐厅，甚至是开放式的厨房。动的区域是居室的核心部分，也是人动态活动较多的地方（图8-9）；而静的部分，属私密性较强的区域。它往往在居室空间的后端部，常采取走廊、隔断、标高变化，使其隐蔽、私密等要求得到保障和尊重。

在居室设计中，空间的给定与划分限定了室内的功能性，而功能的完备相应提升了空间的使用价值。空间与功能的关系是相互制约的关系。

## 三、家具与陈设

作为居室设计，家具与陈设是两个不可缺少的组成部分。它们决定着居室的使用效果和效益，影响着居室的环境气氛。居室家具配置与平面尺寸见表8-1。作为居室装饰所选用的家具大都来自家具市场，也有少部分是根据实际情况现场制作的。无论是购买还是制作的家具，在它的选择上都应该遵循以下几个原则：

（一）实用性

作为居室空间，面积珍贵，所选用家具尺度应科学、合理、适用。在布置家具的同时，应保证人体活动的空间要求。不宜盲目追求大、多，而应保证精巧、灵活、方便，满足人们对家具使用的不同要求。同时，还可以灵活调整家具的形态，便于伸缩、折叠和隐藏等类家具的布置。

（二）协调性

图 8-9 餐厅空间

居室空间内的家具不仅是为了满足功能的需要,还要考虑家具在居室中与周围环境的协调性。也就是与居室的装饰风格协调统一,在色彩、手法上相呼应,构成完整的装饰风格。因为家具是在室内环境中所占的因素较多、尺度较大的物体,应慎重对待(图 8-10)。

(三)艺术性

家具既是以实用为主的室内构件,同时也含有一定的陈设观赏价值。它的造型特征、处理手法、工艺技术、选材配色同样展示了它的审美价值。一个精心设计的室内空间,只有当家具完整布置的时候,它的艺术品位才逐渐展现出来。没有家具的完美结合,居室装饰设计不可能算是完美的作品。

(四)经济性

在家具的选购中,应从实际、实用出发,在允许的范围内从长计划,不应盲目地赶时髦,应注重家具的质量、质地、造型、综合空间形态。根据家庭经济实力讲求实际,在可能的情况下选择合适的家具。

在居室内适当地布置一定量的陈设品,也是很有必要的。它可以活跃空间气氛,装点环境,弥补界面装饰的不足,也可以形成趣味中心。

一盆鲜花、几枝绿树,使空间散发出生命的活力和居住者对生活的追求,琴、棋、书、画捧出居室的儒雅,它们点缀居室、活跃气氛,暗示了空间的内涵。

图 8-10 组合柜和睡床相结合,既方便实用也给造型带来多种变化

主要居室家具配置与平面尺寸一览表　　　　　　　　　　　　表 8-1

| 空　间 | 家具名称 | 平面尺寸（长×宽）mm | |
|---|---|---|---|
| | | 小　　型 | 大　　型 |
| 客　厅 | 双人沙发 | 750×1200 | 900×1500 |
| | 长沙发 | 750×1800 | 900×2700 |
| | 长茶几 | 450×900 | 900×1500 |
| | 方茶几 | 600×600 | 1200×1200 |
| | 圆茶几 | 600（直径） | 1200（直径） |
| | 单人沙发 | 750×710 | 1000×9750 |
| 餐　厅 | 方形餐桌 | 750×750 | 1500×1500 |
| | 长方形餐桌 | 900×1500 | 1200×2400 |
| | 圆形餐桌 | 675（直径） | 1900（直径） |
| | 餐椅 | 400×400 | 500×500 |
| | 扶手餐椅 | 550×550 | 600×600 |
| | 器皿柜 | 500×1200 | 600×1200 |
| 卧　室 | 双人床 | 1950×1350 | 2250×1800 |
| | 对床 | 1950×975 | 2250×1100 |
| | 梳妆台 | 450×1000 | 500×1200 |
| | 梳妆凳 | 375×550 | 450×600 |
| | 双门衣柜 | 450×950 | 550×1200 |
| | 衣物壁柜 | 600×1200 | |
| | 床头柜 | 300×375 | 600×600 |

续表

| 空间 | 家具名称 | 平面尺寸（长×宽）mm | |
|---|---|---|---|
| | | 小型 | 大型 |
| 儿童房 | 床 | 1725×900 | |
| | 书桌 | 550×1100 | 600×1200 |
| | 椅 | 400×400 | 500×500 |
| | 床头柜 | 300×375 | |
| | 衣柜 | 450×950 | 550×1200 |
| | 书架 | 250×750 | 350×1200 |
| 工作室 | 写字台 | 600×1200 | 900×1500 |
| | 书架 | 350×120(个) | 4500×150(个) |
| | 坐椅 | 550×550 | 600×600 |
| | 安乐椅 | 750×710 | 1000×975 |
| 厨房 | 吊柜 | 450×90(个) | 600×120(个) |
| | 工作台 | 500×90(个) | 600×120(个) |

### 四、色彩与材料

成功的居室设计离不开色彩与材料的有机运用，然而，令人遗憾的往往是当装饰施工快竣工的时候，人们才开始意识到忽略了它们之间的相互关系，当初盲目追求时髦而造成的失误和损失已无法弥补。正确地运用色彩和材料本身的天然色彩、肌理质地等在设计作品中是极其关键的，而且是室内设计最有力的语言，同样对形成装饰风格、营造气氛、调节人的情绪也有着重要的作用（图 8-11）。

图 8-11 陶瓷锦砖铺砌的圆形淋浴间富有洞穴原始的味道，
其中一列圆筒内藏皂液、洗发水等用品

图 8-12 照明设计升华空间的意境

居室装饰色彩的运用主要是依附于材料的选择而确定的，而不是着力去粉饰色彩。也就是说在色彩设计的同时，就在选择材料的质感；在运用材料的同时，也同样要把握材料色彩与居室空间的整体性、协调性，片面地从一个方面入手都是不可取的。

选择居室的色彩要充分考虑各功能区域的要求。根据功能的使用特性，认真考虑住宅色彩的色调、明度、对比关系，以保证色彩在居室空间中的良好效应。

材料的选择，除应注重材料本身的质感、色泽外，还要从以下几个方面加以考虑：

其一，材料使用与地域性的关系。中国幅员辽阔，南方、北方地区气候、温度、湿度的变化差异很大，需要考虑材料的适用性。

其二，材料运用与居室空间区域、部位的关系。也就是说，在居室装饰中针对不同功能区域、不同的界面，材料有不同的选择要求。既要考虑材料的美感，也要考虑材料的质地、性能和与装饰部位的适应性。

色彩与材料是两个既相矛盾又相联系的因素。只有正确地把握了两者的特性及相互关系，才能使它们为居室设计增辉，产生令人满意的效果。

**五、光影与照明**

没有光的照射，也就感觉不到环境的存在，更谈不上去洞察美好居室的意境。照明对于居室设计而言扮演着至关重要的角色。不同功能居室对于光所传递的语言信息，各具特色。灯具的选型、光照的布置、照射的方式、照度的大小、光色的变化等等，通过一系列照明设计把一个有限的家居空间塑造成温馨、充满情意的世界，用光的魔力表现着美好居室。

照明设计在群体活动的公共区域，应体现足够的照度，灯具造型以美为原则；在私密性活动区域，以灵活、幽雅、温柔的光照为目的。在灯具布置上，应充分体现各功能区域的使用多样性、感觉丰富性、生活情趣性，从照明设计与布置入手来升华空间的无限境界（图8-12）。

## 第三节 各种功能居室设计

随着现代科技的进步，新设备、新技术、新材料不断走入家庭，人们对室内环境设计提出更高的要求。对空间的灵活多变性，布局功能分区的明确性，装饰效果的艺术性等方面都有着更高的要求。本节综合居室中各功能区域的使用和环境构成特征，进行分析和阐述。

**一、门厅设计**

门厅是进入住宅空间的前站，推门入户的必经之路。门厅空间处理的好坏，直接关系到人们对居室的整体印象。门厅也是进入居室心理适应的空间，起到稳定情绪、暗示行为的作用。

门厅的设置，在较小面积户型的建筑布局上不是很明确，往往淡化了它的作用，直接感受的是客厅的形象。而在较大面积户型的布局上，特别是别墅等住宅设计中，门厅就显得尤为重要，把它与居室整体格调连接起来，是形成和提升室内空间档次不可缺少的重要组成部分。

(一) 门厅的功能

门厅相对于其他居室空间的功能而言要单纯得多。因为人在该区域中滞留的时间较短，给定的面积有限，除了起到过渡空间的作用之外，最常见的实用功能是存放鞋、雨具、外衣等，在较大的门厅配置衣镜的手法也是可行的。

室内设计中，根据空间的形态，将较大的客厅划分出一定空间形成前厅，也有的称作玄关。别墅门厅的功能、性质与居室公寓的门厅是相通的，只是由于它们的面积不同，在设计手法和功能要求上有所侧重罢了（图 8-13）。

图 8-13　别墅门厅设计更强调空间过渡

(二) 门厅的装饰

**1. 顶棚**

适当地压低门厅顶棚，以烘托客厅层高的视觉感受，是门厅空间划分的一种手段。简洁有趣的吊顶造型配以静雅温和的间接照明，形成亲切宜人的氛围。

**2. 地面**

地面的材质选择余地较大，一般以客厅地面用材为依据，如石材、地砖、木地板、地毯等，视各人喜好而定。如，门厅空门比较明确，可选用地面拼图案加以美化。以明快、大方为佳，切忌琐碎繁杂。

3. 墙面

虽然门厅在居室中作为过渡空间，但其墙面的装饰也不能忽略。墙面装饰的用材应符合居室整体设计要求，与门相对应或主要视觉感受的墙面，可采用一定的艺术造型手法和有别于其他墙面的材质进行重点装饰点缀。配上艺术品和特殊的光照，形成门厅的趣味中心，将居室的整体情趣由此引申开来（图 8-14）。

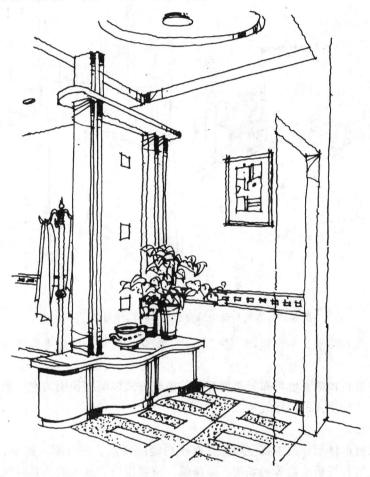

图 8-14　门厅的装饰效果

4. 隔断与鞋柜

大多住宅将它们布置在门厅和客厅之间，空间处理上呈开敞状态。在此就为室内设计人员留下了思考的课题，运用何种手法将两者从心理和视觉上划分开，形成隔而不断、隔而不死，既相互隔离又相互沟通的境界。有的门厅在建筑设计时已经有所考虑，形成相对独立的区域，只需就地进行装饰即可。有的设计将隔断与鞋柜二者结合起来加以考虑，也是一种比较好的手法（图 8-15）。

常用的隔断手法利用各类玻璃和玻璃砖以铁艺点缀镶嵌进行艺术处理，大都根据整体构思的风格来造型、选材，鞋柜的柜门用百叶形式可保证内部透气干燥。

5. 陈设

图 8-15 隔断与鞋柜结合起来,将门厅与客厅隔开

门厅的陈设宜简洁,不宜繁杂。在艺术品、绿化、灯饰、绘画等陈设上应与空间尺度协调(图8-16)。

灯具可安装在顶棚,也可布置于墙面上。散光方式以间接照明为宜,利用反射光的表现方法会产生更加诱人的门厅气氛。

**二、客厅设计**

客厅是家庭群体活动的主要空间,具有多功能的特点。它是家人团聚、起居、休息、会客、娱乐,进行视听活动等的场所。除睡觉、就餐以外,其余的休息时间几乎都是在客厅中度过的,客厅设计的好坏直接关系到整个居室设计的成败(图8-17)。

在设计中,应从以下几个方面去思考:

1. 客厅应以展现家庭的特定性格为原则,突出个性化设计的意向(图8-18)。

2. 从人的生理、心理角度出发,满足人体各种活动所需,把握设计的尺度。

3. 为了配合家庭各个成员活动的需要,在客厅空间允许的情况下,可采取多用途的布置方式,将会谈、娱乐、电视、阅读各个区域的分区更加明确。随着生活水平的日渐提高,有将起居与客厅分离的要求和趋势。

4. 客厅应在设计上避免直接暴露于主入口,在两者之间应适当隔断,以免使人心理上产生不适反应。

(一)客厅的功能

图 8-16　门厅入口处理

图 8-17　客厅是家庭群体活动的空间

图 8-18　欧式家具营造客厅个性化

客厅是家庭综合性的活动场所，同时也是家庭与外部交流的场所。在客厅的设计中，应着力从强调主要使用功能入手。

1. 会客、聚谈与休闲

此类功能是客厅的核心功能，往往布置在客厅的中心区域。由沙发或座椅的巧妙围合，形成一种亲切、热烈的气氛。在客厅的布置上，要符合会谈距离和主客位置上的要求，同时也要能体现家庭的性质及主人的品位。

2. 视听、娱乐

由于现代文明进步的推动，各类新技术、新设备不断涌入家庭，给家庭文化的构成染上了新的色彩。各类电器设备已成为家居生活不可缺少的重要组成部分：欣赏电视节目、播放立体音乐、唱卡拉 OK 等等。很多情况下，它们已以电视机摆设的主要视觉方位为中心展开布置，成为居室的趣味视觉中心。

3. 阅读、就餐

在户型不够大的客厅中，为了考虑使用上的需要，往往将读书看报、家庭就餐或小憩等结合在一起布置，充分利用客厅的空间。特别是近年来，在发达城市兴起的小面积单身公寓，为满足部分独居阶层或外域务工人员的需要，客厅的功能更趋多样，甚至包含了工作室等功能。所以，在设计中要根据居住者的自身情况，从客厅建筑布局的实际出发入手（图 8-19、图 8-20）。

（二）客厅的布置

面积较大的客厅，容纳了多种功能，但在布置上应把握住一个中心，以此来构成客厅

图 8-19　有时客厅与餐厅连在一起设计

图 8-20　具有书香韵味的客厅

设计的核心区域。在客厅设计中通常以会客、聚谈作为空间主体，结合其他区域而形成主次分明的空间布局。而这一区域的形式，往往是利用沙发、茶几、电视柜、座椅等的围合，地毯的点缀，顶棚的造型特征或灯具的布置造型来强化中心感的。

客厅作为居室的中心，需充分考虑室内布局动线设计，要避免客厅被其他房间的交通路线穿越，破坏其空间完整性和安全感。同样，在客厅与其他居室相连处，为了保证客厅的完整性、私密性，应借助于必要的装饰手段加以巧妙的处理，形成视觉或心理上的分割，满足人们的心理需求。

（三）客厅的装饰

1. 顶棚

顶棚的造型特征直接影响室内的风格特点。但由于受到建筑层高的限制，不宜刻意地大做文章，应从级差的尺度和特征造型的艺术形式出发，力求简洁、明快、概括。过多地处理反而会造成顶棚杂乱的压抑感。

在色彩运用和材料的选择上，应保证顶棚与墙面和地面的整体协调，更好地突出室内家具布置。

2. 地面

客厅地面在居室面积中所占比例较大，选用材质应从功能特点出发，对于耐磨性、方便清洗及耐清洗性，颜色和肌理以及视觉稳定性应统一考虑。在较大的客厅中，可根据功能分区的情况，对显露较多的地面部分，如餐厅与客厅之间的分界，通往卧室的过道，适当地运用几何图案，可打破单调感。

客厅地面一般多采用木地板、天然石材、优质地砖以及地毯等，这些材料各有优点视居住者喜好而定。

3. 墙面

客厅墙面是该空间中重点装饰部位，所占面积大，是视线集中的地方，对整个室内的风格、色调起着决定性作用。它同时也表现了居住者的兴趣、喜好，体现了不同家庭的个性化装修风格。

墙面设计应综合考虑门、窗以及与其相连的阳台的关系，同时要顾及设备的位置、体量与墙面形成的关系。装饰手法不宜过多、过滥，最好用明快的颜色，使空间显得开阔。在客厅墙面设计中常将一墙面作为主墙面设计，形成趣味中心，展示家庭成员的个性和主人的爱好。如欧式风格的壁炉，中式的字画、对联，以及近年流行的电视背景墙等。

墙面用材主要有内墙涂料漆、墙纸、墙布、石材、装饰板等，应注意清洁的方便性和视觉的明快感。

4. 陈设

陈设是室内装修后空间格调的升华和完善。从设计原理上讲，装修与陈设是不可分割的两个有机要素，把陈设提高到一个较重要的位置，无疑是因为它对客厅的整体风格起着重要的作用。

壁挂、字画、工艺品、钟表等的选择在题材和尺寸上要依据墙面的面积和家具的尺寸而定，并要注意在符合平衡的构图原则下进行布置。此外，根据主人的爱好，安排适量的附属装饰小品，如陶器、雕刻或私人收藏等，更能增添和谐的生活气氛，展示个人的爱好和情趣（图 8-21）。

客厅家具包括沙发、茶几、电视柜等。一般以茶几为中心布置沙发群，作为会客、聚谈的中心，其次是电视机、音响、空调、电话、功放、录像设备等。在布置中，还要考虑人的视线高度、视觉距离，来确定放置位置、高度等。

由于客厅活动内容比较丰富，采光要求也富于变化。会客时，可采用全面照明，看电视时可选择微弱照明，读书则可利用局部照明。总之，灯具在客厅中是不容忽略的重要实用陈设品，它起到表现空间、营造气氛的艺术效果。所以，在选择造型、尺度、散光方式等方面应结合客厅设计的整体风格。

### 三、餐厅设计

餐厅是全家日常进餐和宴待亲朋好友的地方。若餐厅处于独立的空间，则可自由灵活地发挥；倘若是开放式布局，应考虑与其相近的空间格调保持一致。用餐是一种较为正规的家庭集体活动，因而无论在用餐环境和用餐方式上都有一定的讲究。现代生活中，更强调幽雅的环境气氛的营造。

餐厅的环境设计要考虑到从厨房配餐到餐后收拾的方便合理性，就餐餐位的舒适性等。良好的餐饮环境，适宜的装饰风格能增进食欲，调节人的心理情绪，有助于身心健康（图 8-22）。

**（一）餐厅的布置**

就餐的空间大小，与就餐的人数和使用的家具有关。选择何种就餐方式，关系到餐桌、椅的形式和布置方式，同时也要考虑使用上的机动性。常用的餐桌有方形、长方形、圆形或椭圆形等，可供四座、六座、八座、十座等，它们所占的空间大小不同。图 8-23 是餐桌常见的布置方式。

餐厅在空间布置上，由于受到建筑平面的制约，依据建筑给定的空间进行餐厅设计。常见的餐厅形式有三种：一是独立的空间；二是与客厅相连的空间；三是同厨房同处一体的餐厅（图 8-24）。

此外，餐具柜也是餐厅中不可缺少的家具之一。它的造型与酒具的陈设形成赏心悦目的效果，烘托着餐厅的气氛。

在餐厅设计中，如果一块墙面有窗的话，那将是更令人欣慰的事了。应把握住这一优势去设计，充足的阳光、充满生机的盆花、典雅的布帘和桌布，写意出诗一般的境界（图 8-25、图 8-26）。

也有的餐厅与厨房设计融为一体。随着家用燃料向环保方向发展，以及现代人生活节奏的加快，传统的大菜制作在家庭已较少见，开放式厨房、餐厅与厨房融合越来越为人们所接受。将餐厅、厨房合二为一，共享空间，方便、实用、更具有生活情趣、更能融合家人之间的情感。

**（二）餐厅的装饰**

1. 顶棚

餐厅顶棚设计变化多样，一般讲求对称，是最能体现风格、特征的部分，往往与餐桌的位置相对应（图 8-27）。有利用暗槽反射灯光和中心主要照明来创造光环境下的餐厅意境，渲染就餐环境。也有标新立异的手法，在顶棚悬挂艺术品和饰物等。

2. 地面

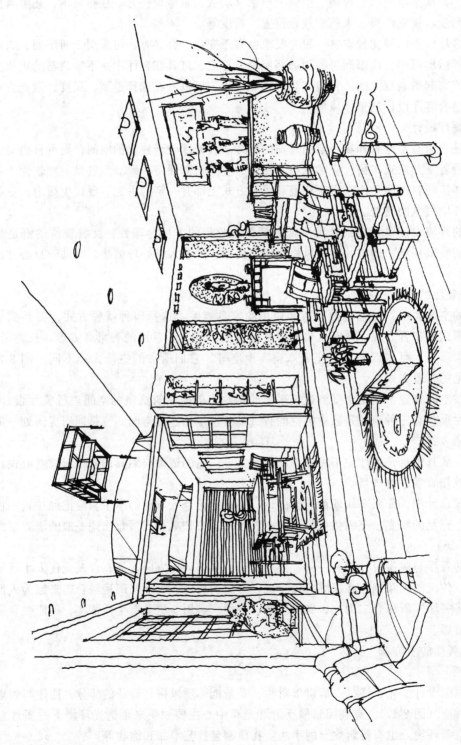

图 8-21 陶器、雕刻等工艺品在客厅中的恰当陈设，可以展示个人的爱好和情趣，增添和谐的生活气氛

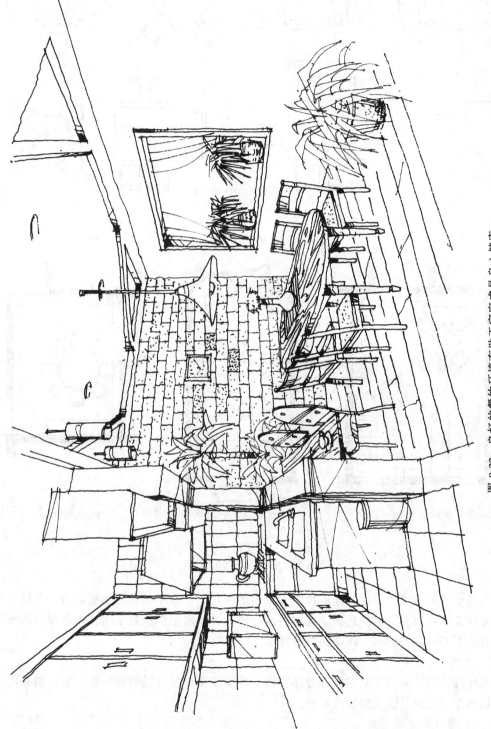

图 8-22 良好的餐饮环境有助于家庭成员身心健康

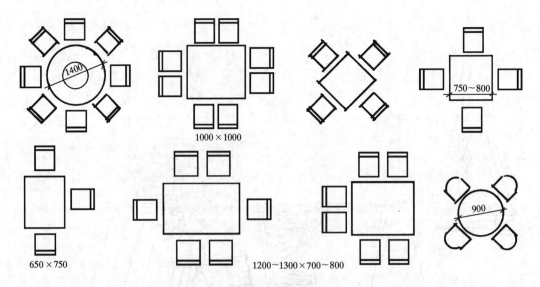

图 8-23 餐桌常见的布置方式数据为桌子常用尺寸（mm），
桌子高度为 750～780mm

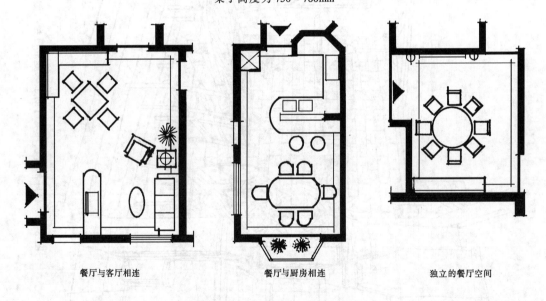

餐厅与客厅相连　　　　餐厅与厨房相连　　　　独立的餐厅空间

图 8-24 餐厅常见布置方式

与其他空间相比，餐厅的地面可以有更多的变化，可选用的材料也更丰富，而且地面的图案样式也可以有更多的选择。在材料的运用上，同时也要从易于清洁和耐磨的角度出发，并且要有一定的防水、防油污的特性。

3．墙面

餐厅墙面装饰要与居室整体环境相协调，特别是要与客厅的格调一致。营造温馨的气氛，以满足家庭成员就餐轻松的心理。

（三）餐厅的意境创造

1．充分利用自然光照形式及人造光源营造餐饮光环境。

图 8-25 与开放式厨房相连的洁净清爽的餐厅设计

图 8-26 室内家具限定出不同的功能空间

2. 尽可能运用木质等天然材质装饰环境,以营造纯朴、温和、亲切、回归自然的氛围,并易于与餐桌、酒柜和谐统一。

3. 陈设艺术品在色彩、图案、尺度、材质上应与餐厅的整体风格相吻合。

图 8-27　顶棚造型设计与餐桌位置相对应

**四、卧室设计**

卧室是人们休息的场所。为了保证卧室高质量的睡眠要求，对空间、光线、声音、色彩、触觉的设计应采取相应的处理手段。

卧室除主要用于睡眠休息的功能外，有时也兼做学习、梳妆等活动场所。在住宅居室中，卧室属于私密性很强的安静区域，因而在建筑平面布置时，常将它置于终端部位，以避免受群体活动的干扰，保证睡眠的质量（图 8-28）。

卧室常用的家具有床、衣柜、梳妆台、休息椅、衣架、电视柜等。主卧室的家具布局根据空间的大小和夫妻生活的习惯而定。若空间大则在尺度选定上可宽松些；若空间受到限制，则注重实用需要即可。由于季节的变化衣什棉被需要储藏，卧室应配置一定数量的衣柜。

由于不同居室成员的特定要求，对各自卧室的氛围要求也不尽相同。中青年夫妻之间的温馨，老年伴侣的稳定、和谐，青少年的活泼、幻想，男孩子的好客、大度，女孩子的细腻、谨慎等等，形成在居室整体格调下的不同卧室气氛。

卧室还由于家庭人员结构的因素，分为主卧室、次卧室、客房（图 8-29）等。

（一）卧室分区

1. 睡眠区

睡眠区的布置方式视主人的生活习惯而定，可分为"共享型"和"独立型"两种。所布置的床铺常采用双人床，或单人床并列安排，中间配以床头柜（图 8-30）等形式。

2. 休闲区

休闲区是在卧室中满足主人视听、阅读、思考等以休闲活动为主要内容的区域。大都采用围椅、茶几配以落地灯形成特定区域，往往安排在临近窗子的区位。

图 8-28 兼做学习功能的卧室

图 8-29 夫妻主卧室典雅温馨

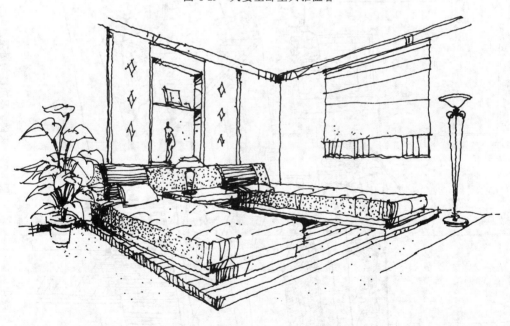

图 8-30 卧室布置视居住者的生活习惯而定

3. 梳妆活动区

梳妆活动区包括美容和更衣两部分。这两部分的活动取决于居室的布置，梳妆台是不可缺少的，镜子和投光灯勾画了这一区域的轮廓。有些卧室由于受空间的制约，两部分功能分开设置也是常见的。

4. 储藏区

卧室中需要一定量的储藏家具，解决四季衣服、被褥的装、挂、存放等问题。

5. 卧室卫生间

建筑平面布置中，较大户型的主卧室中设有专用的卫生间和更衣间，以满足现代人对生活质量的要求。

（二）卧室的装饰

卧室是一个充满温暖和舒适感的空间。在装饰中，对材质要求非常考究，特别是档次较高的家居装修，在材料的选用、图案的形态、色泽的倾向，更是慎之又慎。

对顶棚的处理通常采用亚光内墙涂料，墙面有时运用同一材料，也有的贴高级壁纸，使之不受灯光的照射影响而出现反光，令光影变得更加柔和。地面用材也同样重要，常见的手法有铺设木地板或地毯等，令居室产生柔软、亲切的感觉（图8-31）。

在卧室设计中，也常见与阳台连接的形式，有的在卧室与阳台之间装上几扇木框玻璃门，或略加装饰做成精致的门套，摆上几盆花草，更是别有一番情趣。

图8-31 卧室设计渲染恬静，体现个人品位

（三）卧室的灯光布置

传统的卧室在灯光运用方面重实用。一盏吸顶灯照亮整个房间，就解决了问题。而现今家居设计观念已不同，强调卧室灯光运用的适用性、科学性，多设置局部照明和调光灯具。如就寝区的壁灯、梳妆区的镜前灯、看书用的落地灯、夜间起更的地脚灯，而顶棚的吸顶灯，在照明上的价值远远低于了它的装饰美感价值。所以，在主卧室的灯光布置方面，更趋向于功能分区的局部布光，增加室内的神秘感和温馨浪漫的情调（图8-32）。

（四）不同年龄段对卧室设计的要求

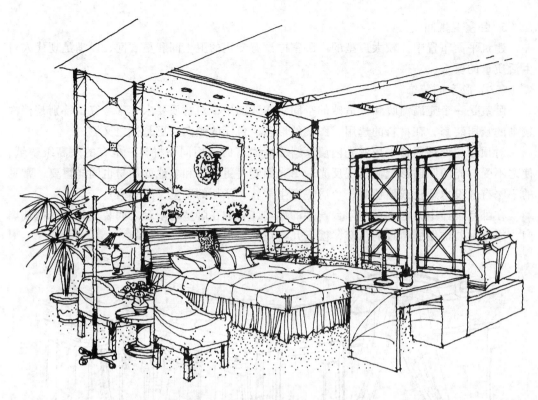

图 8-32 卧室灯光设计增添了温馨
浪漫情调,多设置局部照明可加强美感

人从出生到年老走过漫长的人生旅途,随着各方面的变化、成熟,不同时期对卧室设计也提出不同的要求。性格不同、性别差异、年龄的悬殊、职业的区别,也同样导致人们对居住环境的不同评价。

儿童时期的天真、纯洁、富于幻想和好奇心理;青少年时代的纯真、活泼、热情、富于理想和自我意识的增强;成年人的现实、成熟、稳重与较强的责任心的形成;老年人的好静、渴望和失落感等等。围绕着这一人生的变化,在卧室设计中,应有不同的考虑,以体现以"人"为本的设计理念。

如青少年卧室设计要反映出以学习为主,热情天真的特色;老年人的卧室追求稳重、大方的气氛,并要使用方便。在陈设的配置上,也应伴随人的成长、变化和谐配套。使之在享受生活时,更加热爱生活,形成健康完美的心理。

**五、儿童房设计**

对于儿童,家是他们赖以生存、得以安抚、创造健康身心的环境。所以,对儿童房的装饰尤其不可忽视(图 8-33)。

儿童期主要指 7~12 岁这一年龄段,属于成长发育时期,开始接受正规教育。从心理角度分析,他们富于幻想对任何事物都存有好奇心理,有较强的荣誉感和好胜心。如何在居室的装饰、陈设上,创造一个有助于提高他们的自我动手能力和启迪智慧的环境,激发学习兴趣,培养健康个性和优良品德是设计的主题。

儿童房的设计。首先从概念上讲,儿童房不是简单的儿童卧室,应该针对他们的性格

图 8-33 儿童房综合儿童学习、游乐和睡眠等功能，
满足他们各方面的需求和心理特点

特点和心理特点，立足于简洁、明快、新鲜活泼、富于想像的基础上，确定丰富多彩的设计基调，为他们营造一个属于自己的空间。使他能自由地、自主地安排自己的学习和生活起居，逐步培养他们的独立意识（图8-34）。

（一）儿童房的空间布置

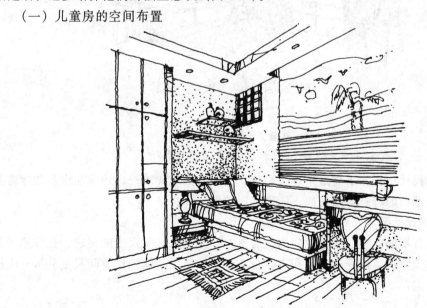

图 8-34 独立的儿童空间设计

139

空间布置要注意体现正确的人生理想和健康向上的环境氛围，以能抒发良好的个人情感和高尚情操的爱国主义思想为目的。根据儿童期的年龄特点，将居室空间依据功能使用的要求划分为以下几个区域：

1. 睡眠区

睡眠区是儿童房的主要区域。考虑到儿童的年龄特点，往往靠墙设置，以形成他们睡眠时的安全感和依靠心理，并可为他们的活动提供一定的空间。

2. 学习、工作区

学习是儿童期的主要任务，完成课外作业，学习电脑以及兴趣爱好活动等，构成了儿童生活的重要组成部分。将较长的工作台式的书桌沿采光较好的方位或临窗设置，台板的尺度应结合儿童年龄发育的生理要求和学习内容整体考虑。配置必要的书架和搁板、陈列书籍和装饰物可使居室活泼、富于个性。

3. 会客交友区

儿童有自己的世界，他们渴望生活、富于幻想、热心交友。设置必要的沙发、坐椅，提供必要的条件，让他们感觉到自我的价值，能更好地培养他们适应社会的心理和接纳社会的能力（图8-35）。

图8-35 儿童房设计应注意提供
会客交流条件，培养他们的社会交往能力

在儿童房的设计中，除了满足生理、心理、性格方面的要求外，还应在满足功能需要等方面，尽量使他们的特点得以发挥，能力得以挖掘。

（二）儿童房设计要点

处于生长发育期的儿童，在为他们构筑居室时，应充分注意尺度的要求，充分照顾到儿童的年龄和体型特征，以舒适方便和有益身心健康。所以，从把握空间尺度分析，应从以下几个方面考虑：

1. 生理方面

生理成长过程中处于关键时期的儿童，各方面都在不断成熟。如没有形成良好的生活、学习习惯，就有可能危及生理发育。不能在良好光照下学习和灯光布置有缺陷将会导致视力的减退，造成后天近视等。不科学的家具尺度对人体的制约，会给骨骼的发育造成巨大伤害。从生理方面运用正确的视觉尺度、家具尺度是促进儿童正常成长的关键。

2. 心理方面

空间尺度、形态同样对儿童的心理造成一定的影响，对他们形成健康的心理有着密切的关系。过于空旷的居室会使儿童产生孤独感；过于拥挤的居室，则易造成儿童心理上的压抑感；不规则的空间形态缺乏亲切、完善的感受。另外，居室的过高、过低对于儿童的心理感觉也是不佳的。

3. 行为方面

儿童的天性是好动，情绪不稳定、自制力差，又有各自的爱好和独立的个性。在空间尺度的运用和划分上，应遵循这一规律，从适应他们的使用要求。培养他们爱家、爱生活的情感，在儿童时期形成一个完善健康的心理，为进入青少年阶段承受相对繁重的学习、社会压力，打下坚实的基础。

（三）家具与陈设

1. 家具与陈设

儿童房的家具、陈设品的摆设要有助于儿童身心发展。家具要少而精，摆放时应注意安全，为了能给孩子留出更多的活动空间，尽可能靠墙放置（图8-36）。

图 8-36　儿童房家具陈设

陈设艺术品对于儿童而言，应从年龄的角度考虑，同时也可以发挥他们的主观能动性，让他们自己去创造他们的环境，使他们热爱生活、追求生活。另一方面利用一些健康向上的字、画、艺术品的陈列去影响他们，培养他们的想像力和健康的心态。在桌面摆设艺术品，要兼顾观赏与实用两方面的功能，形成知识性、趣味性、实用性的多样统一。

### 2. 色彩与图案

富于幻想、新鲜感是儿童的天性。运用丰富活泼的色彩变化，在家具、墙面、地面色彩统一协调的前提下，局部做适当的色彩调整变化，呈现活泼的空间色彩气氛，对于儿童的性情培养将产生一定的积极因素。布饰品的图案、窗帘的图案，甚至沙发的造型、色彩的良好运用，都可以增强儿童的想像力，促进他们智能的提高。

### 3. 装饰手段

儿童房在保证整体装饰格局与居室相对统一的前提下，对于部分界面的色彩、用料可做适当调整，以适应年龄段的不同要求。家具、装饰手法的运用要有一定的可互换性。

## 六、工作室设计

工作室也就是我们通常所说的书房。它是提供家人阅读、书写、工作和交谈的环境，同时也是居住者在基本居住条件得到满足后的较高层次的要求。虽然工作室的功能较为单一，但对环境的整体要求较高。考虑到工作室的性质要求，在设计中应注意以下几个方面：

其一，相对的安静，是工作室的第一要求。对于使用者在阅读、写作、工作中保持良好的状态，达到最佳效果是非常必要的。

其二，充足的光线和视觉环境，能给使用者提供轻松、愉快、舒适的工作与视觉环境。提供优美的室外景观和良好的通风，更能有助于室内环境的质量得到提高。

其三，工作室与主卧室以套间形式安排应是最佳方案。因书房是私密度较高的空间，远离群体活动和家政活动空间，以维护其使用上的特殊性。

工作室在居室设计中不断得到居住者的重视，是人们生活水准提高，对居室功能进一步细化要求的结果。对工作室的布局、色彩、用材、装饰手段的完善创造，是为了创造一个既方便使用又更具美感的工作、学习空间（图8-37、图8-38）。

### （一）工作室布置

不同职业的工作室布置方式和习惯差异很大，有的以阅读、书写为主；有的带有很强的操作性质；还有的借助书房的自我空间，来满足个人的爱好，如书画、收藏等。

工作室的布置形式，取决于居室空间的大小，同时也要考虑室内空间的形状、门窗的布置、尺寸以及工作室使用的针对性。尽管工作室的设计形式多种多样，但工作室都是以三大区域组成的：工作活动区、阅读区和休闲区，而构成主体的是工作区、阅读区，对这部分采光应着重考虑。

工作室在藏书、陈列等布置问题上，应以沿较完整的墙面设置家具为佳，可提供足够的陈列、收藏空间，并可保证室内空间的整体性。工作用的作业台视空间和使用要求决定它的尺度；在布置上可不拘一格，或置放于中间，或利用自然光，靠墙或与陈列柜合为一体。

### （二）工作室家具

视居住者的职业兴趣爱好来决定家具的形式和类别。常用于工作室的家具有书柜、文

图 8-37 提供完整墙面安排书架，满足了使用者收藏、阅览的需要

图 8-38 工作室是主人个性展示的最佳场所

件柜、博古架、保险柜、电脑桌、工作台、工作椅以及沙发、茶几、花几等。另外，在工作室内的常见设施有：电脑、音响、工作台灯、空调等。由于它们的组合，才营造了工作室的完整气氛。

（三）工作室的装饰

1. 家具与装修

工作室是一个工作、学习的空间,但决不能与一般办公室并论,它要和整体家庭气氛相吻合,运用多种手段来创造一个属于自己的工作环境。工作室的装饰在风格、手法运用上、材料的选择上,应与私密性活动空间保持一致,保证家居格调的统一性。地面、墙面、顶棚的处理宜简洁明快,留出一定的空间给居住者去完善。但顶角线、墙脚线尤为关键,它起到划分和保护界面并美化空间的作用。

对于家具的色调,可视居住者的喜好,结合整体格调统一考虑。在书房中,顶界面涂料漆不宜采用亮光漆,以免产生眩光,宜用亚光、半亚光类油漆,产生含蓄、高雅的美感。至于所用窗帘更应以素洁为宜,过于花哨只能破坏工作环境的严肃性(图8-39~图8-41)。

2. 陈设与绿化

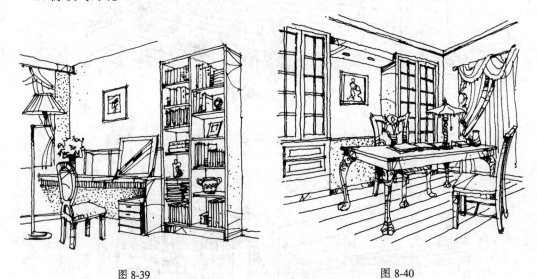

图 8-39　　　　　　　　　　图 8-40

绿化能够唤起工作室的生气,在工作和阅读的闲暇,感悟生机、调整思路,一盆绿叶灌木,几支鲜花、兰草,一件寓意深刻的字画,一件饱经洗礼的珍品,都能使你感到充实,幽雅的陈设能让以家庭的工作室为生活乐趣的居住者们感到愉快。

3. 灯光布置

工作室的灯光布置,既要考虑整体照明的运用,也需注意局部照明的点缀。在顶棚应安装满足空间照度需要的灯罩、灯具,以保证光线柔和的效果。在工作台板,可安装工作灯直接照射,并保证光源不出现散射现象。

七、厨房设计

中国人自己烹调、合家用餐的生活特点给厨房的设计提出了很高的要求。

一间完善而实用的现代化的厨房,通常包含储藏、洗涤、配餐、烹调四个区域。也有的依据建筑平面布置,将用餐区纳入进来,形成可以用餐的厨房(图8-42、图8-43)。

其一,储藏区　厨房需要有足够的空间来储放生熟食品、调味品、餐具等,这就需要配备冰箱和各种橱柜以及工具箱、回收利用箱等。

其二,洗涤区　厨房需要有良好的供、排水系统、储水装置、洗涤设备,包括洗涤

图 8-41 工作室不但满足人们阅读、书写
和工作的需要,也能体现居住者的爱好和品位

槽、电子消毒柜等。

其三,配餐区 需设置一定量的配餐工作台,不但可作为配餐用,还要能放置电动切削机、粉碎机等。

其四,烹调区 烹调区是厨房的核心部分,主要由炉灶、微波炉、电饭锅、烘烤箱等组成。为免除油烟污染,还需要安装排油烟机和通风扇。

其五,用餐区 虽然较大户型套房都设置了专用的餐厅,但在厨房内用早餐、便餐等更适宜。小户型居室常将餐、厨合二为一,在厨房设置餐桌椅和吧台,也就显得很有必要了。

(一)厨房的分类与布置

厨房在形式上可分为"封闭式"和"开敞式"两类。

由于厨房的形式和面积的大小不同,为了提高效率,厨房的三个主要设备——冰箱、洗涤柜和炉灶,应当能组成一个合理的"工作三角形"。就"工作三角形"而言,三角形的边长相对一致,所得到的效果是最佳的,过长或过短都不利于厨房工作。通常设定每边长约 120～270cm,三边总长约 420～460cm 为最佳(图 8-44)。

在厨房布置上,同样也应以"工作三角形"的工作原理和厨房的形态、面积来综合考虑。我们将一般常见的布置方式归为以下几种类型(图 8-45～图 8-48):

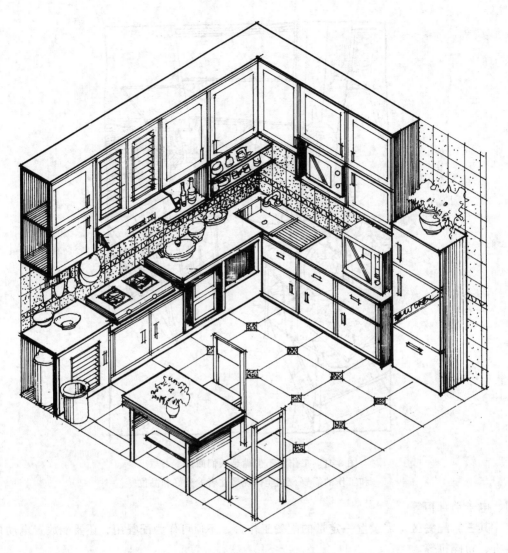

图 8-42　某厨房设计轴测图

1. 一字形厨房

对于空间面积较小的厨房，一字形布置是最佳选择。几个工作中心位于一条线上，设计时应避免柜台过长，但应提供足够的贮藏设施和操作台面。

2. 走廊式厨房

走廊式厨房是将工作台沿对面的两墙布置。通常面积较大、偏长，是一种实用的布置方式。采用此种方式布置，应尽量避免有过大的工作量穿越"工作三角形"而感到不便。

3. L形厨房

L形厨房是将柜台、器具和炉灶、冰箱依靠两相邻墙面连续布置。往往在两墙相交的位置布置水槽为最佳，L形厨房的两个边不宜过长，以免使用起来不方便。

4. U形厨房

U形厨房是一种十分有效的布置方式。布置面积不需很大，用起来也十分方便。通常将冰箱、炉台、洗涤槽布置在"工作三角形"的三个角顶点方位。

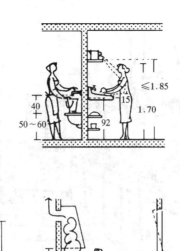

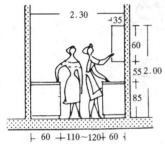
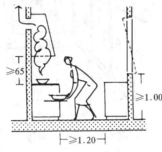
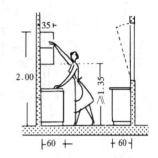

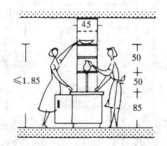

图 8-43 厨房内人体活动尺度

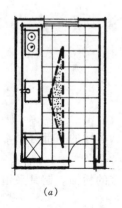
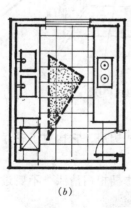
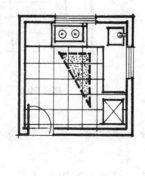
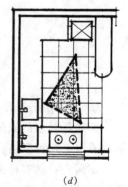

图 8-44 厨房的布置方式与工作三角示意图
(a) 一字形；(b) 走廊式；(c) L形；(d) U形

图 8-45　一字形厨房

图 8-46　走廊式厨房

(二) 厨房的风格

厨房是居家的家政活动空间,特别是开敞式厨房,它构成了餐厅、客厅的一部分,常见的有以下几种风格:

田园式:具有朴素、粗放和实用的特点。木橱柜用清漆,不要过多的粉饰。橱具采用悬挂式并结合柳条、竹编的篮子和陶器加以点缀。

传统式:一种常见的造型。做工比较精致、幽雅,橱柜往往用板门或玻璃门。色彩以樱桃色、鹅黄色为多,也有其他多种色彩的使用。

现代式:一种由强烈的水平线和垂直线所组成的造型,有时也用漂亮的曲线相配合。

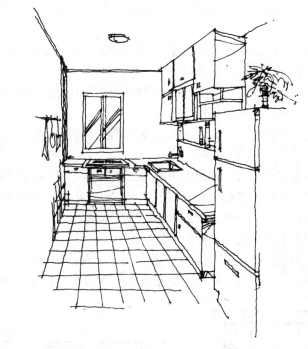

图 8-47 L形厨房

图 8-48 U形厨房

色彩以浅色调为主,常用白色和灰色,也有采用对比鲜明的两种不同色调或深色调组成。橱柜均为板式,藏装铰链构造。整个造型和色调给人以简洁明快的感觉。

(三) 厨房装饰

1. 材质选择

厨房环境应明快、易洁净、防潮、耐酸、耐磨,比较理想的选材方案为:墙面贴瓷砖,顶棚吊顶选用塑料扣板或铝质孔板,地面贴防滑地砖,工作台面铺花岗石、大理石或防火板，塑料贴面也可以。这样在卫生、清洁、环境维护、操作安全上都能得到一定的保证。

2．厨房的色彩

厨房的色彩应根据个人的兴趣和爱好来决定，通常应注意以下几点：

（1）厨房色彩的选择应体现整体和谐。

（2）橱柜占据了厨房的大部分空间，是厨房最抢眼的因素。一般应选择好橱柜的色彩，才能确定墙面、顶棚、工作台面的色彩。

（3）地面最好能采用深色调，既耐脏又给人以重心稳定的感觉。

3．照明和通风

厨房的照明需要有两个层次：即基本照明和工作照明。除了对整个厨房提供必需的基本照明外，还要考虑在工作区域提供光亮而不产生阴影。此外，为了增加厨房的美感和气氛，设置特色照明，用光线来表现或增加开敞式厨房意境。

厨房的排油烟问题是影响设计成败的关键问题。

目前，我国住宅建筑设计大部分是封闭式厨房，民众的饮食习惯也导致在烹调过程中，产生相当量的油烟、水蒸气。保证厨房室内空气的清新，需要一定的换气量。目前，

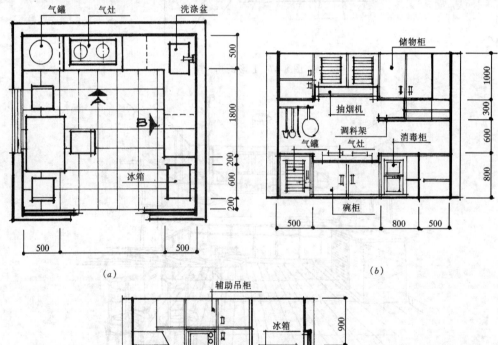

图 8-49 厨房设施配置和基本尺寸

（a）平面；（b）立面（一）；（c）立面（二）

解决这一问题的常见手段有两种:一种是在灶炉上方安装排油烟机;另一种是嵌入窗或墙壁的排气扇,而最好是两者并用。

图 8-49 是厨房设施配置和基本尺寸。

### 八、卫生间设计

随着现代生活的丰富和提高,住房商品化观念的改变,卫生间的功能也由单一的用厕,向盥洗、用厕、洗浴、洗衣等多功能、多方向发展。在进行卫生间设计中,既要考虑以上因素,也要结合居住者的要求和家庭人员的结构特点和空间尺度综合考虑。

近年来,大户型住房的开发,对主卧室配置了单独的卫生间,使单一卫生间的使用分解成主卫、公卫两种形式,它们承担的使用功能,更具体、更具针对性了。相对而言卫生间是家庭内面积较小的空间,在采光、通风上受到相应的限制,如何在符合人体工程学前提下满足使用功能上的各方面的要求,达到最佳的使用效果,是卫生间设计的方向(图8-50)。

图 8-50 卫生间不仅满足人们的生理需要,
随着生活水平的不断提高越来越考虑使用者的精神享受

(一)卫生洁具的选择

浴盆:卫生间的主要设备之一。有深方形、浅长形和折中形三种。浴盆的放置形式有搁置式、嵌入式及半下沉式三种。浴盆上沿与地面高度保持在 40cm 左右时,出入浴盆比较轻松方便。淋浴器有的安装在浴盆上方,也有的单独安装。淋浴头的高度在安装时应根据人体的高度及伸手操作的因素确定。

坐便器:传统的用厕以蹲便器为主,而今大部分家庭已普遍使用坐便器。与坐便器配置的手纸盒也是必须的,常装在坐便器近处,距地 50~70cm。也有的家庭在卫生间宽松的情况下,安装小便器。

洗面盆：立式洗面盆安装的面积可适当的小些，造型较为自由。包含了化妆、洗脸、刷牙等功能的台式洗面盆，在造型和面积上就要有所注重。常以台面的衬托来美化洗脸化妆区环境。在尺度上充分结合人体工程学原理，高度控制在 80cm 左右，宽度控制在 50cm 左右，长度根据实际依附墙面而定（图 8-51）。

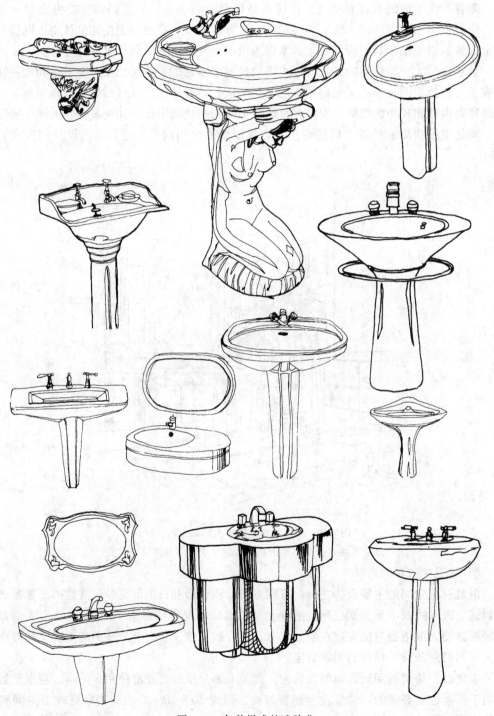

图 8-51　各种样式的洗脸盆

配合洗脸化妆区的设计，除洗面盆还应有相应尺寸的防雾镜和镜前灯、化妆洗脸用品搁板以及毛巾挂架等（图 8-52）。

洗衣机：作为家政活动的设备，在空间较为紧凑的情况下，大都放在卫生间的一角。而在拥有两个卫生间的居室，将其放在公用卫生间也是一个良好的选择。当然，也有将其移至阳台，连接水管设置下水也未尝不可。总之，要酌情而定，从建筑平面布置综合统一考虑，讲究方便、合理。

（二）卫生间布置

随着时代的进步，商品房的卫生间开始朝大空间方向发展，即便是小户型，人们也设法通过装饰设计来弥补视觉上的缺陷，使之感到通透，或采用镜面，或采用玻璃砖，以营造虚拟空间效果。

在功能方面，厕浴功能分开，进一步细化，满足个性要求，可以是干湿分区，也可以是坐厕与淋浴相对独立，并与化妆、更衣功能结合进行空间设计。

卫生间的布置，还有许多灵活多变的布局形式，将身体保健、桑拿浴等列入其中，提升卫生间的品位，标志了现代人给卫生间注入了新的内涵。

较前卫的设计认为，卫浴功能不仅是生理需要，而且与休息、睡眠有着密切的关联，将沐浴间与卧室合为一个大空间，可以给主人心理上带来许多愉悦（图 8-53、图 8-54）。

（三）卫生间装修风格

卫生间在家庭居室中占有重要的地位，它与人的联系是最直接的，可以说最"人性"的一面都会在这里体现。因此，卫生间设计要达到这样目的：进卫生间时使人感到舒适、放松，出卫生间时就像穿"新衣服"一样，使人精神焕发，得到的也是一种享受。

卫生间不同于其他居室，它具有很强的环境个性和使用特殊性，既是很强的私密性空间，又是独立个人行为意识的空间。为让人在这一环境中能得到美好的享受，在装饰设计中有意识地追求一定的气氛和格调也是非常必要的。

1. 绿色景观

一些有较大窗户且有景观条件的卫生间，

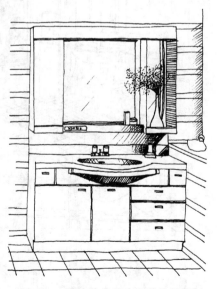

图 8-52　连洗脸盆的小型装饰储藏柜

图 8-53 卫生间布置实例（一）

图 8-54 卫生间布置实例（二）

设计时应当突出环境优势，使业主在卫生间也能感受绿色、沐浴阳光，让洗浴成为一种享受。

2．艺术气息

赋予卫生间以艺术的气息，利用标新立异的造型设计创造充满浪漫的气息。墙面上布置色彩鲜明的装饰画，卫生间内还可设置电视、音响，有些新锐设计甚至将卫生间与卧室合二为一。

3．田园气息

现代社会常常使人们的精神处于紧张的状态。朴实的天顶木架、乱石地面和错落有序的墙砖，保留着自然和随意性，配上或吊、或摆的绿色植物以及田园气息浓郁的小饰物，这样的卫生间，有助于人们摆脱心理压力。

（四）卫生间的装饰

1．装饰内容

卫生间装饰除卫生间洁具设施的安装外，应该就是构成空间的界面了。如地面的拼花、墙面的划分、材质的对比、镜面和边框的做法，以及各类贮存柜的设计，装饰装修与洁具衔接部位的处理，如浴缸、化妆台面与墙面的处理，化妆台面与洗脸盆的衔接方式。各种精致、巧妙的做法反映了卫生间的品质，也为使用中的安全、舒适性提供了可靠的保证。

2．装饰用材

常见的卫生间装饰用材是依据卫生间的环境特点和使用而定的，要从防潮、防滑，易于清洁等方面出发选择材料。

卫生间的墙面多采用光洁的瓷砖等防水材料做贴面，它的规格、色彩有多种选择，但一般以淡雅、素洁的色调为宜，也可在距地 90~120cm 处压腰线装饰，局部贴图案较强的瓷砖，以打破墙面的单调感。地面以运用防滑类地砖为最佳，也可采用大理石、花岗石和陶瓷锦砖，需注意把握易于清洁的原则。色彩可结合厨房地面色彩统一进行设计避免杂乱无章。顶棚以防水、防湿为主要目的，以工程塑料或铝制型材为理想选材，背面衬以隔热的材料。

3．卫生间色彩

卫生间的色彩选择应结合洁具的色彩，统一考虑以达到和谐统一。

4．照明与通风

卫生间的照明要选择防潮、防水型的灯具，常常有两到三种照明方式综合使用。除整体照明外，在洗脸盆上方宜重点布置光源。

换气设备也是卫生间必不可少的。潮湿易产生霉渍和恶臭，洗浴时会产生大量的水蒸气，通常在卫生间内设置换气扇解决这一问题。

住宅建筑的室内设计与人们的生活息息相关，与其他建筑的室内相比，它是人们朝夕相处的场所。由于住的问题比较复杂，牵涉到社会、生活习惯、经济条件、家庭人口结构等诸多问题，所以，反映在住宅的设计上也就产生了各种矛盾。诸如，电脑智能控制、地热取暖等新产品、新材料、新设备以及新的观念，也直接影响着居室设计。居室设计就是在解决问题的基础上，创造一个满足人们物质与精神生活的良好的居住环境。

## 第四节 各类住宅建筑设计实例

居室设计应把重点放在格调、气氛的表现上。使居住者从喧嚣的都市回到家中能找到个人的空间，得到放松和解脱。同时，适用、方便也是设计的关键，要求合理的空间布置，配套完善的设备设施等等。

**一、小套房居室**

图 8-55、图 8-56 为小套房居室设计实例。

**二、大套房居室**

图 8-57 为大套房居室设计实例。

**三、别墅类**

图 8-58 为别墅类居室设计实例。

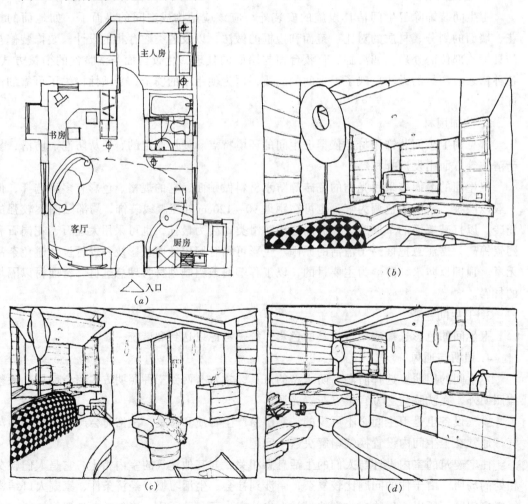

图 8-55 一套小型居家除卧室与卫生间相对独立隐蔽外，书房、客厅、厨房都连成一体，相互贯通，使不大的面积显得生机盎然
(a) 平面图；(b) 书房；(c) 客厅全景；(d) 从厨房看客厅

图 8-56 两室一厅的居室安排得井井有条，功能分区明确，造型设计考究，门套、顶棚、梳妆台、电视机柜加上透明的餐桌，均显示了设计师的别具匠心
(a) 平面图；(b) 客厅；(c) 饭厅；(d) 卧室

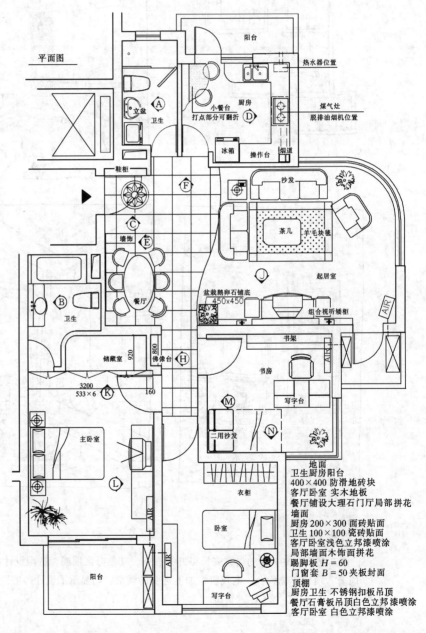

图 8-57 大套

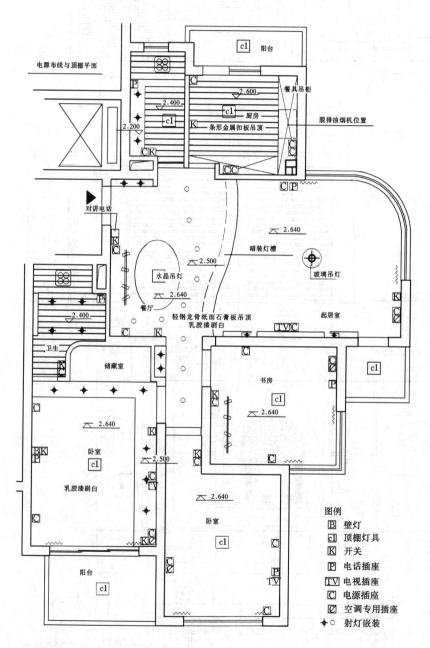

房实例（一）

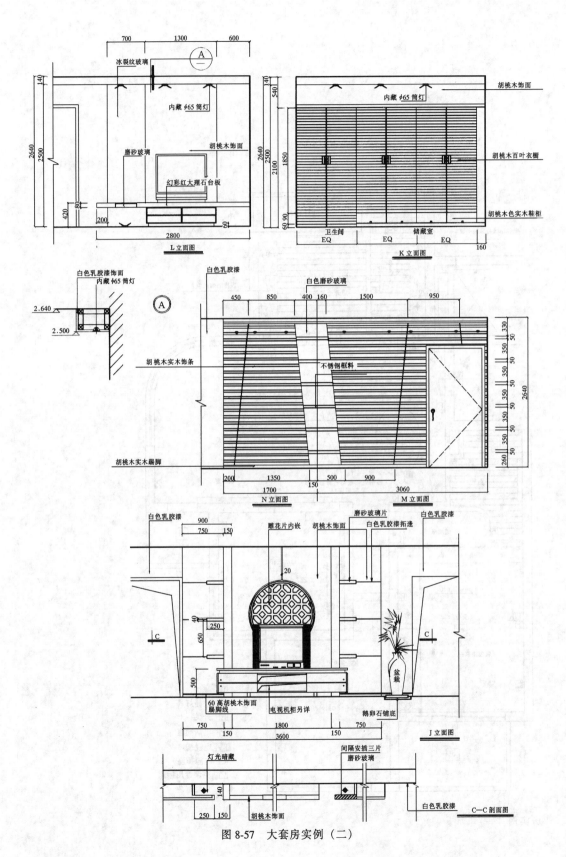

图 8-57 大套房实例（二）

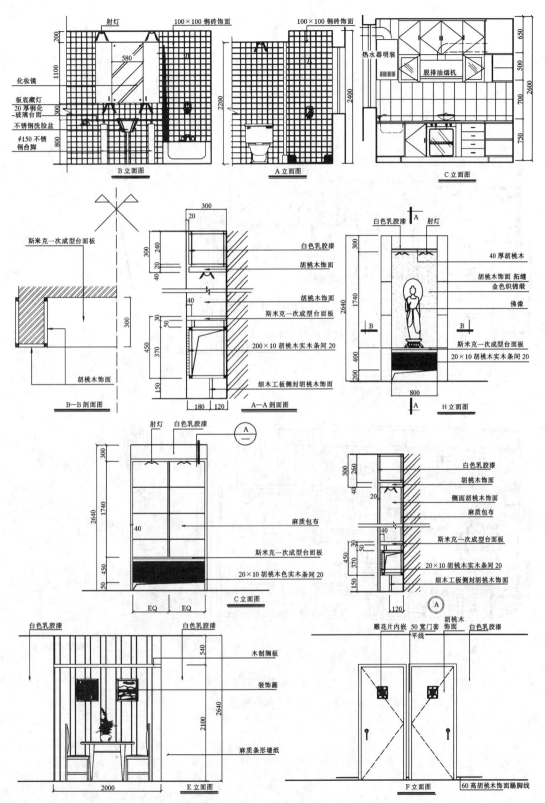

图 8-57 大套房实例（三）

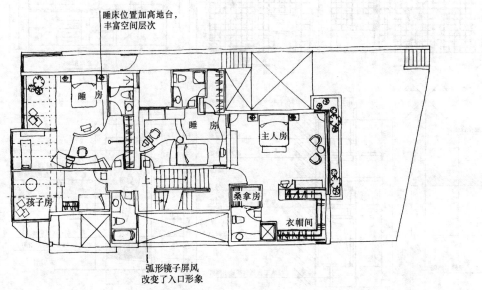

二层平面

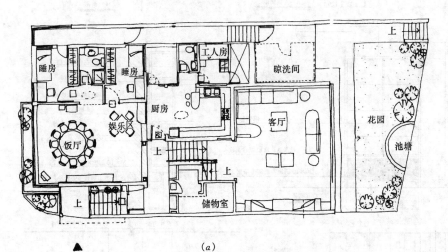

底层平面

图 8-58 别墅实例（一）
(a) 各层平面

(b)

(c)

图 8-58 别墅实例(二)

(b)客厅;(c)室外的花园绿丛成为居室的装饰,扩大了客厅的空间

主人房的设计以传统中国式为主,所以不乏雕花屏风和字画

(d)

(e)

大床设在高台上,增加了空间的层次感。安放电视机的弧形柜更增添了空间的线条美

(f)

图 8-58 别墅实例(三)

(d) 主人房;(e) 儿童房;(f) 睡房

## 思 考 题 与 习 题

8-1 用图解表示住宅室内功能分析和流程。
8-2 住宅室内装饰设计可以从哪几个方面突出个性特征？
8-3 运用所学的住宅装饰设计原理分析自己家庭的装饰效果，并提出合理建议。

# 第九章 小型店铺建筑装饰设计

## 第一节 店铺装饰设计的基础知识

### 一、小型店铺的定义

现代商业发展迅猛，一些大城市中的商业已经赶上国际先进潮流，购物中心、大型超市如雨后春笋，冲击着百货零售等传统商业形态。

在此我们关注的是小型商铺。对于小型商铺，本书以规模确定，指在城市乡镇沿街道布置的传统销售的商业方式。一二个开间、面积一般在 $50m^2$ 左右，也可以是处于商场中的一处铺位。这是中国大部分区域普遍存在的店铺形式（图9-1）。

小型店铺可以是专卖店，也可以是杂货店、自选店或者餐厅、酒吧等。这些商铺可以在某些方面满足顾客的需要，具有一定的竞争优势。装饰可以根据这些店铺的经营特色，塑造具有个性的空间环境和氛围。

### 二、商业消费心理

无论店铺的规模大小，人们的消费购物总是伴随一定的心理活动。在商店装饰设计时，必须考虑顾客的各种精神因素，使商业环境更趋舒适，以方便人们休闲购物。消费者的心理需要直接或间接地表现在购物的活动中，影响着购买行为。消费者的心理活动主要有以下五个方面：

（一）新奇

这种心理需求对商店装饰设计具有特别重要的意义。对于一个健康的心理成熟者而言，那种神秘的、未知的、不可测的事物更令其心驰神往，这也正是商业环境可以通过装修而不断地对顾客保持新鲜感和吸引力的原因（图9-2）。

（二）偏爱

某些消费者受年龄、习惯、爱好、职业修养和生活环境等因素的局限，会对某些商品或某些商店有所偏爱。

（三）习俗

商店装饰设计必须尊重地方的习俗、民族的习俗、服务对象的习俗，创造使顾客认同的购物空间。

（四）求名

对名牌商品的信任与追求，乐意按商标购置商品，是不少消费者存在的一种心理。因此，在传统老店、高级专卖店装修更新时，必须注重保护老主顾对名店、名货的认同感，既要常更常新，也必须保持一种文脉的连续性。

品牌的声誉现在早已突破一般产品的局限，更多的服务性品牌被人们牢记。在一定的区域范围内必然会存在当地的著名品牌，无论餐饮、产品或其他服务都需要商业形象的塑造。它是建立在诱导消费者潜在购买可能的基础之上的，阐述商业消费心理正是要增进消

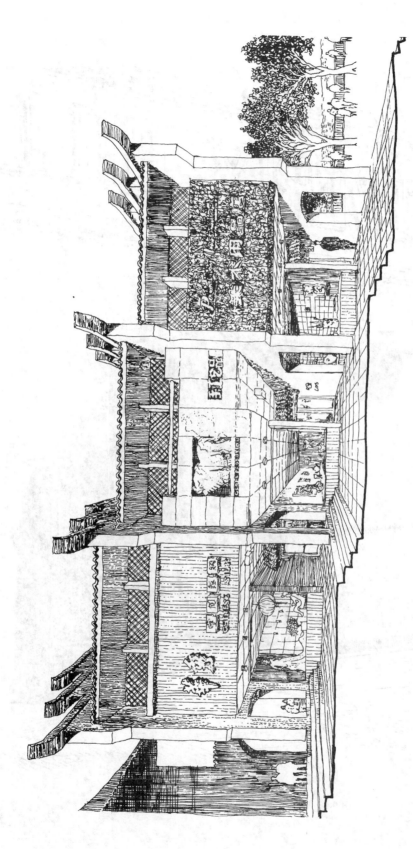

图 9-1 小型店铺在中国普遍存在

图 9-2 店铺要对顾客保持新鲜感需要不断创新

费的目的（图 9-3）。

（五）趋美

图 9-3　对名牌商品的信任与追求，乐意
按商标购置商品是不少消费者存在的一种心理

精美的商品展示在优美的购物环境之中，必然使人在心理上得到美的享受。商店装饰设计应该达到陈列的商品与购物环境的统一协调。

### 三、店铺装饰设计的基本要求

（一）展示性

对商品进行合理的，并富有重点的陈列和展示，以此来影响顾客心理，充分展示店铺特点是商店室内装饰的首要目的（图9-4）。

（二）服务性

建筑、室内装饰效果要便于商店提供购物、餐饮等各类有形服务（图9-5）。

（三）休闲性

在商店销售、服务的同时，环境引导顾客心理，或多或少伴随休闲性质。

图 9-4　店铺室内装饰首要目的便是展示

图 9-5 车厢式软座和方桌结合构成新的组合方式提供餐饮服务

（四）文化性

任何商业活动，无不反映一定的群体意识。商业活动进行的场所，是大众传播信息的媒介，具有不可忽视的文化性。图9-6为体现浓郁法国文化氛围的商业街面。

图 9-6 体现浓郁法国文化氛围的商业街面

**四、店铺空间界面的装饰设计**

商店空间界面包括墙壁、地面、顶棚三个主要界面以及柱子，即侧界面、底界面、顶界面、柱子。这些界面要素的正确运用不仅可使室内空间得以划分，而且是创造室内装饰气氛的重要手段（图9-7）。

界面的首要功能是限定空间的容量和性质。人们的购物行为往往是连续的，为了支持相关行为的展开，空间形式常以复合状态耦合在一起，空间的主从、动静、封闭与开敞主要靠界面来限定。

其次，界面具有较强的调节功能。每个建筑内部都有主要空间和围绕在它周围的辅助空间。如果营业部分称为主要空间的话，那么交通、储藏、水电、空调等设备系统所占有的空间便为辅助空间。界面作为联系主要空间与辅助空间的逻辑分界面，从内部环境中将某些辅助空间利用、遮蔽、保护起来，并使主要空间占有主导地位。通过变化界面的位置、高低、软硬和曲直可以有效地改善空间原有的不合理状况，使主从关系趋于合理。

为了增添店内的亲切气氛,在两个陈列壁龛旁的一道墙上,贴上了精心设计的布质材料

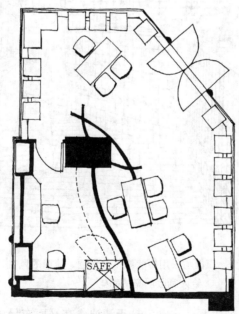

DIF珠宝首饰店的内部装修,既高贵又富动感,得到很多顾客的赞赏

图 9-7　小型店铺设计草图

最后，商店讲究环境与气氛的设计，整体追求标新立异的招揽性。界面无疑担负着阐述主题、烘托经营气氛的作用，为人们的活动塑造了一个恰如其分的环境，又为商品的陈设提供了一个良好的背景（图9-8）。

空间三界面担负的功能不尽相同，它们既相辅相成又有所区别。下面将分类阐述：

（一）地界面

图9-8 地面、墙面、顶棚均采用格状统一的母题、简明的风格、力求给人宽敞明亮的感觉

店铺中人流频繁，地面必须耐磨、防滑、易于清洁。在平面布局中，地面表面图案的塑造在引导人流、配合商品摆放等方面起着很大的作用，一般有同质同形、同质异形、异质相接、地台等多种处理手法。地界面起划分空间区域，烘托环境气氛的作用。

（二）侧界面

侧界面一般垂直于地面，其所占的界面比重大，从视觉角度看对人的影响很大。特别值得一提的还有灵活划分空间的隔断，也是侧界面的重要形式（图9-9）。

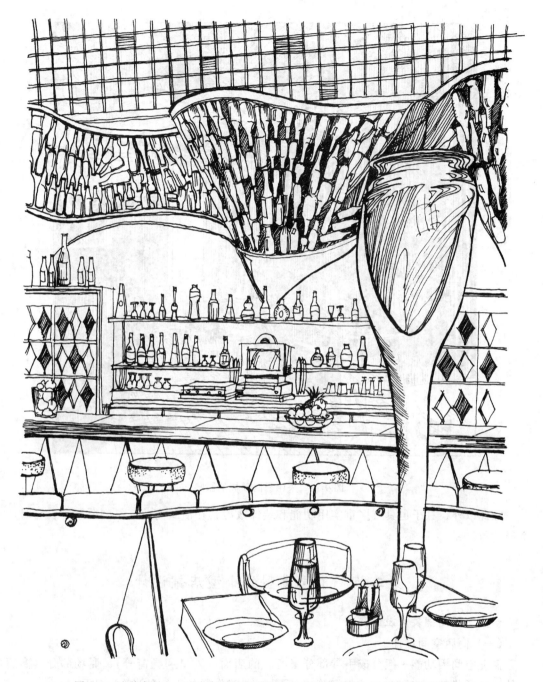

图 9-9 弧形墙面上,形态各异的瓶子同桌边的抽象雕塑,强调了空间的个性

(三)顶界面

地面由于是水平面的,在人的视平线以下,其显露程度有限,侧界面垂直人眼,显露程度在理论上应最大,但不免受家具、货架的遮挡,而顶界面通常高于视平线,一览无余,它的造型、色彩、照明、光影效果等为形成丰富多彩的商业空间创造了良好的条件。采用吊顶的店铺,可以综合考虑照明、通风、空调等位置。暴露顶棚的店铺,可以采用悬挂织物等手法处理顶界面(图 9-10)。

图 9-10 采用暴露顶棚的酒吧

除此以外，柱子也具有多重实用功能和装饰效应，在活跃商业气氛的要素中，有时占主导地位。

## 第二节 不同类型的小型店铺设计

### 一、一般商铺装饰设计要点

（一）商店空间设计

商业空间因功能一般分成引导部分（商店的店面、入口和橱窗等）、商场部分（商店本体，包括货架、收银台、试衣间等）、后勤管理部分（办公、仓储等）（图9-11）。

商店售货方式分为柜台式和开架式两种（图9-12）。相对传统的柜台式，开架售货方式越来越普遍，顾客可以随意选择商品。这样，顾客更容易受商品的第一印象的影响，商品就更容易售出。在一般情况下，开架售货能增大销售，节约售货面积，但管理工作量相应增加了。

随着商业业态的不断发展，商业空间和售货方式也随之发生变化。

小型店铺一般分成商品空间（商品陈列的场所，包括橱柜、平台和架子等）、店员空

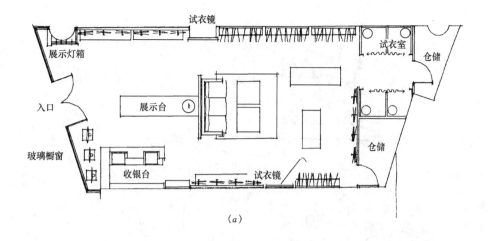

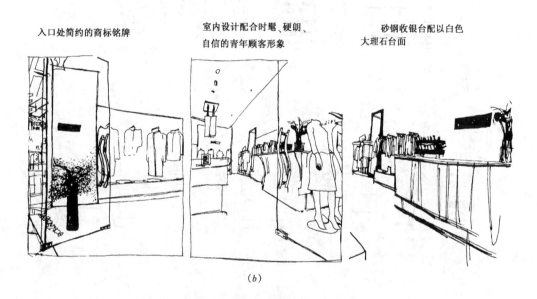

图 9-11 香港九龙佐丹奴有限公司
(a) 平面图;(b) 室内效果

间(店员用于接待顾客或作业的场所)、顾客空间(顾客观看、购买商品的场所)。

分析小型店铺不外乎有以下三种类型的空间组合设计:

1. 商品空间 + 店员空间

场地狭小时只有容许店员站立的空间,场地稍大一些可以安排店员操作地方。而今现场制作成为吸引顾客的重要手段,师傅忙碌制作食品的场所也被当作商品空间。

商品空间面临街道,可明显分割店员空间和顾客空间,顾客在商店外的街道或通道上购物。这种店铺适合客人流量较多,销售较低价位商品的地方。面向街道招揽顾客,富有商业趣味,顾客在熙熙攘攘的气氛中,选购喜欢的东西,如图 9-13 (a)、(b) 所示。

2. 商品空间 + 店员空间和顾客空间有明显间隔

顾客空间或大或小均在店堂内,将顾客逐步引入店堂再做销售,增加商品与顾客的接

图9-12 商品的性质决定售货的方式

触面、接触程度。顾客与店员相分割也使顾客可能悠闲地观赏和选择，较前者商品价格可略高，如图9-13（c）、（d）所示。

3．商品空间＋店员空间和顾客空间两者重叠

由于店内和店外明确的界限，较少有完全不想购买的顾客进入，商店在形式上已经选择了顾客。对于商品空间的考虑是店铺业主的首要关心，可以是商品空间布置得最为醒目突出，也可以是其他地方更为有趣，传递"可以自由参观、慢慢地看"的讯息，使顾客停留时间较长，并悠闲地浏览商品，同时也吸引顾客走进店铺，如图9-13（e）所示。

图9-13是上述商业空间组合的示意简图。从（a）到（e），店铺逐步从空间狭小，价格低廉，富有商业趣味适合普通消费向空间宽敞，商品丰富，质优价高适合中高档消费发展。

图9-14是店铺货架排列方式，图9-15是某店铺空间划分实例。

表9-1为店铺装饰布置给顾客的心理感受。

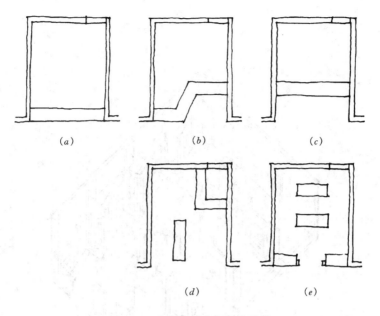

图 9-13 小型商铺空间组合示意

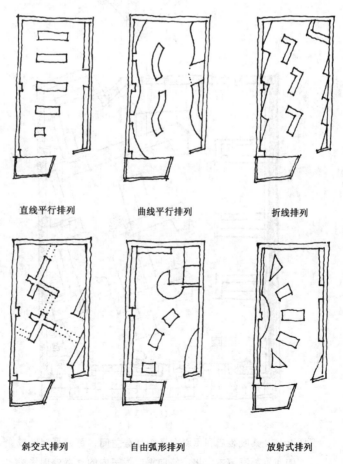

直线平行排列　　曲线平行排列　　折线排列

斜交式排列　　自由弧形排列　　放射式排列

图 9-14 店铺货架排列方式

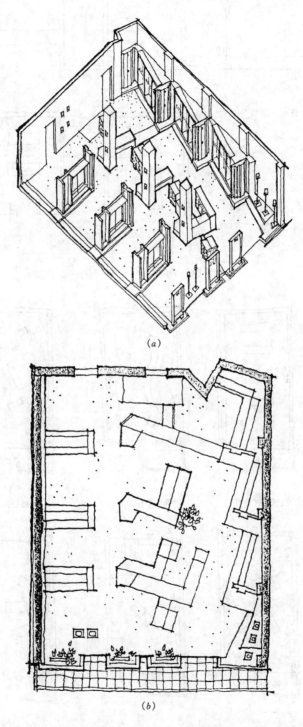

图 9-15 某服装店利用斜向展柜划分空间,每一小型区域
的布置都有微妙变化,斜向感成为室内的重点处理手段

店铺装饰布置给顾客的心理感受 表 9-1

| 店铺装饰布置特征 | 高 级 | 平 易 | 店铺装饰布置特征 | 高 级 | 平 易 |
|---|---|---|---|---|---|
| 出售商品 | 样品摆放稀少 | 样品密集摆放 | 店铺开放程度 | 私密隐约 | 敞开显露 |
| 入口到出售商品的距离 | 越远越高级 | 越近越廉价 | 顾客空间 | 宽敞 | 狭小甚至没有 |
| 店铺开门宽度 | 较小 | 较宽 | 非商品类的展示 | 有 | 无 |

（二）商店装饰效果

商店装饰设计必须面对商品特征，面对服务对象，面对商店环境与建筑空间特征。

1. 立意与风格

室内装饰设计的风格，是由不同的时代思潮和地域特征，通过创造性的构思和表现而逐渐形成的。创造新颖的设计立意和构思是室内装饰设计成败的关键。

没有变化的重复是索然寡味的；过度追求奇异和变化也会导致视觉的混乱。在一个和谐有序的整体环境中，强化商店装饰的中心和主题，处理重点装饰物、重点色彩、重点材质，是室内装饰设计确立风格的主要手法（图 9-16、图 9-17）。

2. 高度

利用高度变化也是一种经常采用的方法，它主要涉及顶棚、地面和墙面的高度变化。标高不同便于划分空间，使主次分明，富有层次感。通常采用局部的高度变化，在对比中突出主题，打破单调。与高度变化紧密联系的部分可以作为设计重点。

3. 材质与色彩

材料的堆积是指材料使用一窝蜂，杂乱没有章法。但不可否认优质高档材料在室内重点部位如门面、柱面、地面上的重要作用。从某种意义上讲现代材料、高科技材料的正确运用容易使商店向顾客展示自身雄厚的经济实力。传统材料例如木、竹、藤以天然质感创造出别具一格的室内装饰环境。重点材料往往能从诸多要素中给顾客留下深刻的印象。重点材料之美在于色彩、纹理和质感的特别。当质地不同的材料组合时，为加强对比效果，表现力强的质感往往选择相对强烈的色彩以突出重点。

4. 综合设计造型语言

所谓意境是指艺术作品中情景交融的意象，它以实生虚，创造出极为开阔、极为深远的渗透了无限情思的崭新的艺术时空。色彩、肌理和造型是室内装饰的有机部分。

首先，肌理是触发情感联想的媒介。砖、木与石的粗犷豪迈，饱含了返璞归真的情意；现代的玻璃与不锈钢产品浸透着时代的理性精神。

其次，色彩是塑造环境意境最为有效的手段之一。它最容易与人的固有情感相融合。宴会厅常常采用红色地毯、红色饰物，使环境洋溢着热烈的气氛，热情友好的情谊在宾主间油然而生。

再次，造型是环境意境的重要组成部分，造型的范围是宽泛的，家具、柱式、灯饰、绿化和界面等都是设计师精心构思的内容，在平凡中追求突破的设计也体现设计人员的创新能力。（图 9-18）。

虽然意境的创造有赖于色彩、质感、造型三方面的协调关系，但商店更关注的是人们的购物兴奋点。反常规、非理性的表达更富有锐意的创新，意境的表达是在不和谐中反射出来

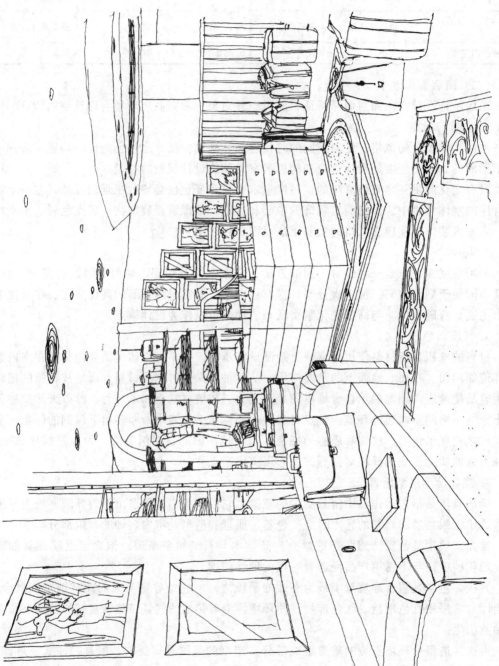

图 9-16 店铺室内布置需要一个重点或中心

182

图 9-17 简约的室内装饰风格

图 9-18 造型是构成环境的重要手段

的。装饰设计语言在方向、位置、大小、形状、色彩和质感上变化,令人们以往熟悉的形态变得陌生,从而产生一定的视觉刺激。装饰表现手法上没有固定模式,比如残缺与断裂,扭曲与变异,拼凑与组合,抽象与简洁等等多种,它们都是依靠逆向思维来激发人们那种不可名状的新奇感。这种好奇感的产生使顾客对商店的印象变得深刻牢固(图9-19)。

图9-19 综合运用设计造型语言创造商铺气氛加强顾客的印象

### 二、餐馆的类型与特色

市场经济的发展极大地促进了餐饮服务业的发展,各式餐馆为人们提供了丰富多彩的饮食文化。装饰设计是餐馆三要素(食品、服务和环境)的重要组成部分,人们到餐馆就餐,往往不仅仅出于饮食的需要,有时会利用这个环境交际、休息、聚会,甚至是谈生意。流畅的空间、华丽的装饰、考究的陈设加上精美的食品和周到的服务,这些需要设计师艺术地将装饰设计风格与不同文化的烹饪方法完美结合,让舒适的餐馆装饰环境贯穿在整个用餐过程中(图9-20)。

(一)菜肴特色及供应方式

由于菜肴特色及供应方式的不同,对餐馆的平面布置、气氛格调、座位面积指标会产生很大影响。

(二)餐桌形式与尺寸

餐桌形式及人体活动尺度如图9-21、图9-22所示。

图 9-20 典雅的装饰设计营造餐厅亲切的氛围

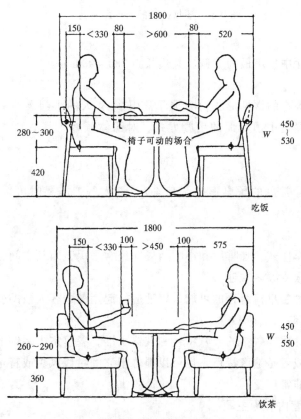

图 9-21 餐饮活动的人体尺度（一）

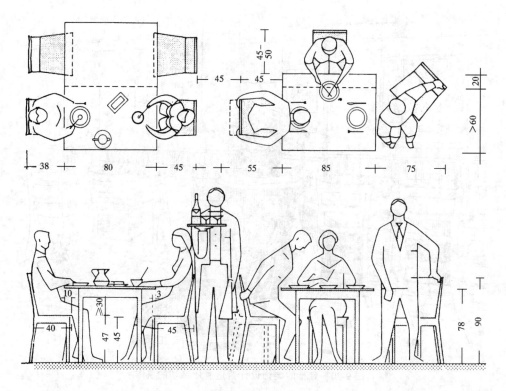

图 9-22 餐饮活动的人体尺度（二）

1. 方桌式

四人方桌在餐厅中使用最为普遍。其边长为 780~900mm。

2. 圆桌式

圆桌也是餐厅餐桌的常见形式，咖啡厅常用 2~4 人的小圆桌，中餐厅常用 8~10 人的大圆桌。围桌用餐是中国习惯的用餐方式，对团体顾客尤其适宜，圆桌直径在 1300~1700mm 之间。

3. 长桌式

长桌式是西餐厅常见的餐桌形式，有 4 人、6 人等，需要时可以拼接成长条形或环形。

4. 车厢式

车厢式又称火车座式。咖啡厅和小型西餐厅经常采用，因其空间分隔明确，有一定的私密性和安逸感，很受顾客欢迎。

餐厅应提供多种餐桌椅组合的可能，以适应一起用餐顾客人数的变化。

（三）餐馆室内装饰设计要点

餐厅的形象设计体现餐馆的经营特色和装饰水准，餐馆室内装饰的艺术处理可以取材于餐馆的经营内容或者是地区特色，也可以提炼于它的时代风貌或特定环境等，设计主题和艺术处理的手法非常广泛：

1. 以餐厅的经营内容为主题

以独具特色的菜肴为源泉，设计出别致的餐厅风貌（图 9-23）。

图 9-23 以地方风情为主题,通过一系列特色鲜明,散发浓郁乡土气息,
富有民间艺术特色的素材,装饰烘托餐厅的环境氛围

**2. 以地方特色为主题**

以地方风情为主题,通过一系列特色鲜明、散发浓郁乡土气息、富有民间艺术特点的素材,装饰烘托餐厅的环境气氛,这种处理方式在小餐厅、包房设计中十分普遍。比如,将不同的小餐厅做成"法国式"或"巴黎厅"、"日本式"或"樱花厅"、"意大利式"或"地中海厅"等等,使餐厅呈现活泼、新颖和鲜明的特色(图9-24)。

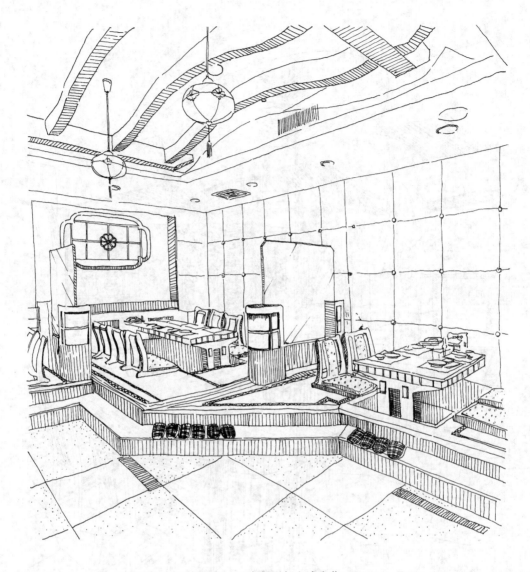

图 9-24 日本餐厅与和式座位

3. 以时代风貌为主题

时代风貌是指餐厅按照某一时代的地方传统做法进行设计与装修，依照当时的各种习俗设定环境气氛，使顾客进入这里立即会产生置身于往昔岁月的感觉。如"夜上海咖啡厅"、"宫廷餐厅"等等名称便能体现餐厅主题。同时，还可运用高科技的概念，营造未来世界，也是另一意义的时代风貌。

4. 以自然景观为主题

突出室外景观效果，给人以别开生面的意境。

餐馆室内装饰设计应当有醒目的风格特点，餐厅入口则应预示餐馆的特色、内容。

（四）咖啡厅与酒吧

咖啡厅与酒吧是提供顾客饮用酒水、咖啡休息交际的场所，有时还兼营早餐和快餐。其面积指标一般为 $1.4\sim2.0m^2/$座。

咖啡厅与酒吧常常采用点光源、低照度营造亲切、柔和的气氛。

1. 咖啡厅

因咖啡的烧煮方式不一，使咖啡厅的等级与层次不同。普通咖啡厅提供集中烧煮的咖啡；高档豪华的咖啡厅常常以特制小壶，当众表演烧煮名贵咖啡的技术。

咖啡厅常常选用幽幽的灯光营造神秘与柔情的氛围，无论是小圆桌上蜡烛柔和的光线还是由墙面反射的间接照明。

咖啡厅一般设饮料准备间和洗涤间，兼营早餐和快餐时，安排食品陈列柜、微波炉和

图 9-25　酒吧追求特别的装饰效果

小厨房、备餐间等。咖啡厅常用550～600mm的小圆桌或600～700mm的方桌，有时增设小酒吧兼作服务台。

### 2. 酒吧

酒吧原意是酒馆内供应酒的柜台，现指供应各类酒及饮料的场所，有时也供应冷饮或其他食品。酒吧是西方人饮酒、交谈的地方，类似中国传统的在茶馆里喝茶聊天。

酒吧种类多样，并且常常追求特别的装饰效果（图9-25）。

酒吧柜台是酒吧的中心，平面式样常用直线形、L形、U形、岛形、曲线形等等，宽度为500～750mm。

酒吧座椅分高、低两种，高度参见表9-2：

酒吧座椅高度关系（mm） 表7-2

| 座椅形式 | 座椅离地高度 | 吧台高度 | 搁脚点离地高度 |
| --- | --- | --- | --- |
| 高　座 | 780 | 1120 | 350 |
| 低　座 | 580 | 680 | 200 |

酒吧台旁座椅的凳脚宜固定在地面，酒吧台上方的灯具以偏柜台中心内侧为佳。许多情况下，柜台上方安装铜或不锈钢制作的酒杯挂架，各式酒杯琳琅满目，平添许多情趣。

酒吧柜台内应有冰箱、洗涤盆、配制鸡尾酒所需的各种饮料、矿泉水或苏打水的开关、开香槟酒瓶塞的装置、啤酒桶与气压机等。

酒瓶陈列柜进深200～300mm，酒瓶可立放、斜放，分格高度应适应酒瓶尺寸。

酒吧柜台侧面因与人体接触，宜采用木质或软包织物。台面材料要光滑且容易清洁，常用材料有高级硬木、磨光石材等。

## 第三节　小型店铺店面设计

店铺店面装饰设计力求创造一个具有鲜明个性的外部空间环境。装饰效果良好的门面设计，首先反映出商业的性质和内部功能；其次要注重环境的整体性。

### 一、店面装饰设计的任务与内容

随着商业竞争的日益激烈，新的商业服务设施的不断涌现，以及人们文化艺术修养的进一步提高，商店门面设计已不再是简单的涂沫作业，而是一项多学科相结合、多方位相协调的系统工程。由于商店特有的功能和性质，决定了商店门面应新颖、醒目，具有明显的标志性和广告性。设计应当充分考虑人们的购物心理、文化传统和地方特点等因素的影响，综合运用现代科学技术手段和艺术手段，创造出一个独特、优美、醒目诱人的商店门面，充分展示出商店的功能和特色，从而诱发人们的购物意识和行为，对购物者的购物活动产生积极的影响（图9-26）。

商店门面装饰设计包括商店的立面造型、外墙装修、色彩处理、照明处理以及细部构配件装饰等诸多方面。

（一）立面造型

商店立面是其内部空间功能的反映，应能直接反映出商店的性质、特色及经营内容等。同时，商店立面还应具有鲜明的个性，创造独特、醒目的造型给顾客留下深刻的印

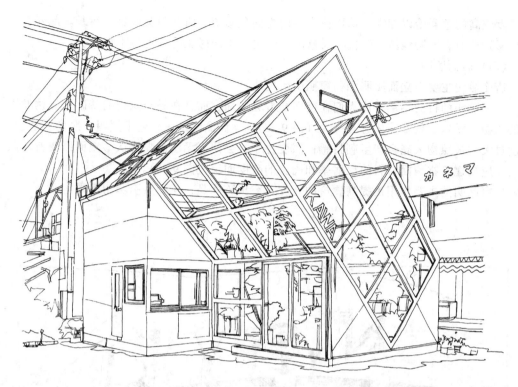

图 9-26 新颖的造型需要技术支持，包括新的材料和新的施工技术

象，具有明显的标志性和广告性。为使商店立面保持新颖感，往往要对立面进行定期翻新装饰以吸引顾客。

（二）外墙装修

商店建筑的外观效果虽然主要取决于总的形体、各部分的比例、虚实对比、墙面划分等诸多立面设计手法，但外墙装修则是通过质感、线型和色彩来增加、丰富立面效果，达到美观的目的。外墙面装修是影响立面效果的重要因素，一般应富丽、醒目（图9-27）。

（三）色彩处理

色彩是使商店立面形象醒目、突出的重要因素之一。商店外观应给人明快、醒目、活跃的感觉，在色彩的选用上并没有什么定律，但首先应把握好立面的主色调，对主色调的选择应综合考虑商店的性质、经营特色以及气候条件等因素的影响。一般多使用明度高、彩度低的色彩来形成立面主色彩；其次对立面上面积小的重点部位，可以运用一

图 9-27 外墙材料传达了整体统一感

些彩度较高的色彩给以加强。从而使商店的立面色彩统一协调而又醒目、活跃。此外，立面色彩处理时，不同地域、时代、民族的人们对色彩的感觉爱好也各不相同。

（四）店面照明

店面照明主要由立面照明和橱窗照明所构成。

立面照明的目的不单是让人们在夜间能看见店面，而且在易于识别的基础上能诱发人们的购物、娱乐、欣赏、休息等行为（图9-28）。立面照明是一种艺术照明，照度要适宜，照度过大，被照物太亮会产生刺目感；照度过小，会使人无法清晰辨认。立面照明所需照度大小应视建筑物墙面材料的反射率和周围的亮度而定（图9-29）。

橱窗照明的主要作用是提高橱窗的亮度，突出陈列品，从而吸引和招徕顾客。

图 9-28　极富情趣的店面照明设计

图 9-29　照明设计是橱窗获得整体主题效果的一个重要方面

（五）细部装饰处理

橱窗、广告招牌、店徽和标志等构件虽然是商店门面的辅助部分，但对立面风格的形成、环境的协调以及增强门面的广告性和标志性等方面起着十分重要的作用。因此，对这些细部装饰构配件也要精心设计，合理配置。

二、店面装饰设计的原则

（一）反映商店的性质、经营内容和特色

商店的服务性质是多样的，其经营内容更是千差万别。消费者只有了解了商店的性质、经营内容和特色等，才会走进商店进行购物消费。因此，装饰设计必须能使消费者通过商店的门面就能清楚辨别出商店的性质、经营内容以及特色，从而产生购物意识及行为（图 9-30）。

（二）新颖美观，具有明显的广告性与标志性

商店门面装饰设计应运用现代技术和艺术手段，通过材料色彩、质感及其所构成的

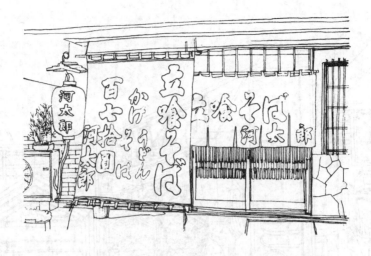

图9-30 门面使消费者能清楚辨别商店的性质和经营特色

点、线、面、体的统一协调与组合,创造出美观、新颖、各具特色的店面,使其醒目诱人,从而激发人们的购物意识及行为(图9-31)。

图9-31 造型新颖别致的店铺门面

(三)富有时代感,并应反映出民族特色与地方特征

社会生产力的进一步发展,经济的日益繁荣,给我们提供了日新月异的新技术和新材料。商店门面装饰设计应通过运用这些新技术、新材料反映时代的生产力水平、文化生活

水平及社会的精神面貌。与此同时，还应当尊重当地历史文脉、文化传统、民族风俗习惯等。

（四）应与周围环境相协调

商店门面与其周围环境是一个不可分割的整体，在设计中应通盘考虑，使环境对商店门面起到渲染气氛、创造意境的作用。同时，商店店面也丰富了街道景观（图9-32）。

图9-32 精美的橱窗布置能刺激消费者的购买欲望，扩大商品销售

### 三、店面设计要点

（一）造型设计

立面造型设计是店面的功能特色及个性的形象表现。

商店的立面造型千变万化，各具特色，设计构思应当健康向上，表现现代人的审美趣味。提倡多种文化的综合和创造意识，重视民族性，崇尚高科技，情感回归自然，追求个性等。运用色彩、形体、材质、线条等造型语言，寻求艺术形式与物质技术的统一。

高档时装专卖店在装饰中追求与其身份和价值相协调的立面造型，铺以适当的材质和色彩来突出它华贵的特色。餐饮饭店考虑的是强调饮食环境气氛，给人舒适的感受。快餐店则最大限度地保持清洁和条理性，立面造型与色彩易明快。

对于店面立面造型设计的构思素材方面，可以从以下几个方面寻找思路：

（1）社会流行风格

（2）经营行业特征

（3）民族风俗（图9-33）

（4）历史、文化的借鉴与再创造

（5）强调地域与季节的变化和特殊性

（6）自然物质形态的模仿

（7）自我创造新形态

（8）高科技概念

此外，还要综合运用联想、对比、趣味性等手法创造新颖和富有特色的店面。

图 9-33 法国特色店铺门面

商店立面设置装饰分格缝或凹凸线条，一是为了防止饰面开裂，同时也是构成立面装饰效果的重要因素。水平线条会产生一种平静感、亲切感，竖直线条则有一种刚毅向上的感觉，而网格线条则表现出一种折衷感。

（二）色彩与材质

商店立面通常以一个主色调为主，以免造成整个画面的繁琐和杂乱，局部可做色彩对比处理。通常外墙饰面色彩多采用明度高、彩度低的色彩。当然，也可选用深色为建筑立面色调，如珠宝首饰店，常选用黑色花岗石或大理石等高级材料做墙体饰面，从而形成主色调，局部配以金色的金属装饰条，从而获得华丽、高贵的立面造型效果。

饰面质感主要取决于所用材料和装修方法。玻璃幕墙、大理石，显得光滑细腻，而石墙，则显得粗犷，富有力度感。同样材料，装修方法不同也可获得不同的质感。同为水泥砂浆抹面，抹光与拉毛所产生的质感效果也是完全不同的。饰面质感上对比与衬托，能较好地体现立面风格或强调某些立面处理意图。

（三）入口处理

店面设计中入口具有诱导、指引的功能，大门的位置、开启方向以及造型色彩构成完整的诱导功能。入口是建筑内、外环境的过渡空间，设计中应当得到足够的重视（图9-34）。

入口的位置应根据外部环境和内部功能布局等因素来确定，一般设在人们最方便出入的地方且要醒目。小型店铺往往将入口与橱窗结合布置，这样有利于使行人在观看橱窗的过程中，逐步被吸引进店内而且增加了商店入口处的趣味性（图9-35）。

图 9-34 店铺入口与橱窗完美结合

图 9-35 美国洛杉矶某唱片行立面

高低变化可以起到强调入口的作用，有的店面将招牌或外墙色彩一直贯通到二层或三层，营造气氛，突出主入口。利用材料质感对比所形成的虚实、轻重等不同的感觉丰富立面。立面色彩的鲜明对比，也可以突出入口。另外，商店的广告招牌、店名、标志等细部装饰处理对突出入口也能起到很重要的作用。

### 四、装饰细部设计

（一）照明

商店门面的照明是店面整体气氛的一个重要组成部分，利用灯具组合不同的照明效果，特别在橱窗、入口、招牌等重点部位，以达到特有的商业气氛，在夜间更加醒目。

1. 灯箱

灯箱利用荧光灯或白炽灯光，从箱体内向外照明，灯箱面是印刷广告照片和图案文字的各种复合材料。随着技术的不断发展，室外灯箱以其制作简单方便，光线色彩效果好，更换容易等特点，成为最为常用的招牌和广告形式（图9-36）。

图9-36　灯箱成为商铺最常用的招牌和广告形式

2. 霓虹灯

霓虹灯光线色彩鲜艳，形状为线状也可排列成面状。可用于强调店面造型轮廓，也可排列构成图形、标志和文字，并可根据需要，灵活交替变换发光，是极受商店欢迎并广泛采用的广告手段之一，具有设置灵活等优点。

整片玻璃橱窗配以不锈钢立柱，加上变化多端的广告灯箱和霓虹灯，现代时尚气息很自然地流露出来。

3. 投光灯

投光灯具有极强的方向性，投射光线的方向又可任意确定。主要用于集中照射某些部位，甚至可以照射整个高层建筑的巨大立面。为使观赏者感觉舒适，其投射方向以和观赏者的视线大致相同为佳，多用于个性感强的店面（图9-37）。

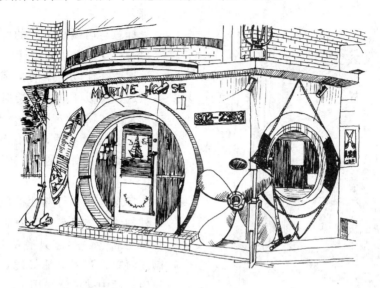

图9-37　东京某饭店门面的投光灯布置

除了上述几种外，还有许多灯具用于店面照明设计中。如散点灯：利用其连续排列的特点，组成闪烁斑斓的效果；吸顶灯：多用于雨篷、入口和其他凸出的部位下，光线散射、柔和，既可单独设置又可成组布置；灯带：可组成线光源和面光源，产生大面积发光效果。

（二）广告招牌

商店的招牌是店面的有机组成部分，它不仅能反映出商店的专业性质、经营个性及独特风格，并以文字语言的形式更清楚地点明商店的主题，还是商店吸引和招揽顾客的重要手段。

传统的招牌在长方形的木牌上题写文字，做法简单、形式单一，只是在字体、色彩、尺寸和悬挂方式上有所变化。

现代的招牌形式多种多样，有横招牌、竖招牌、圆招牌、异形招牌等，用各种文字和图案书写其上。招牌的材料有竹子、木头、金属、合金、霓虹灯等多种形式。安装的位置或挂于墙、门、柱上，或悬挑出建筑物而伸入人行道上空或架空升高，或以较大尺度设置在高层建筑物的顶部，以此吸引视线，引起人们的注意。

中国传统的匾额、对联在墙上、门边或门上的运用，使现代人易于理解某一特定的商业内涵与性质，通过独具匠心的设计与商业目的重合，达到告示顾客商店服务内容，突出主题、丰富立面形象和文化价值的效果。

无论哪一种形式，都要考虑招牌的尺度、比例与建筑的关系，既要与建筑物相协调又要色彩鲜艳、造型精美、选材精致、加工细腻并保证自身的耐久性。

## （三）标志与店徽

标志与店徽是一种标明商店经营内容和服务特点的符号，是商店的标志物，在店面设计中占有突出的地位。因此，在其设计构图、色彩以及制作材料上都要有所讲究。

标志与店徽是不同的两种形式，但都以符号出现在店面设计中。

店徽往往以简略的文字和抽象的图案组成，类似证章，也类似于单独纹样式的图案，常做成几何形体或浮雕形式。设置位置灵活，可位于商店入口、立面实墙上、商店匾牌、门扇及橱窗等处。

标志是一种行业性抽象语言，常用一种物体或文字来表明商店的经营内容和服务特色。标志具有醒目、易识别、制作简单、布置灵活等优点。因此，在商店门面中被广泛采用。

标志的形式多种多样。幌子就是一种很具传统特色的标志。幌子可分为形象幌和字幌两种，形象幌是以商品形象

图 9-38 东京某商场外的广告灯箱

表明商店经营类别；字幌则是以简单的文字点明商店经营内容。

用实物作商店的标志，能一目了然地展示商店的经营范围。如车行前悬挂的轮胎、车圈就属此类。由于可供悬挂的实物种类有限，许多实物类标志，用其他材料做成，在形状和尺寸上进行夸张，也有异工同曲之妙（图 9-38）。

### 思考题与习题

9-1 如何运用商业消费心理进行店铺空间界面的装饰设计？
9-2 一般商铺与餐馆的装饰设计要点分别有哪些？
9-3 商店店面装饰设计包含哪些内容？
9-4 店面立面造型构思可从哪些方面寻找思路？

# 参 考 文 献

1. 中国建筑学会．室内建筑师学会编．室内建筑师手册．哈尔滨：黑龙江科学技术出版社，1998
2. 张林主编．环境艺术设计图集．北京：中国建筑工业出版社，1999
3. 中国建筑学会室内设计分会秘书处编．第一届中国住宅室内设计大赛精品集．天津：天津大学出版社，2002
4. 张福昌主编．室内陈设与绿化．北京：中国轻工业出版社，1998
5. 朱仲德，强文编著．现代国外小家庭装潢．上海：上海译文出版社，1989
6. 王帆叶主编．室内装潢设计．上海：上海科技教育出版社，1999
7. 董赤主编．商业室内设计精学．合肥：安徽科学技术出版社，2000
8. 中国计划出版社编．名苑．北京：中国计划出版社，1998
9. Denis Tillinac．Andre Renoux．Je me souviens de Paris．Paris：Flammarion，1998
10. Ernst Neufert．Les Elements des Projets de Construction．6edition．Paris：Bordas，1983

图 3-1 居室装饰色彩效果

图 3-2 居室装饰色彩效果

图 3-7 暖调子

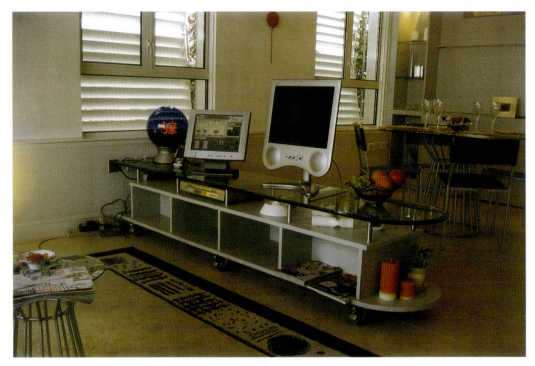

图 3-6 冷调子

图 3-8 餐厅和客厅

图 3-9 客厅

图 3-11 卫生间

图 3-10 卧室

图 3-12 餐厅

图 3-13 客厅设计彩色透视手稿